发现科学世界丛书

趣味动物

金 煜 编著

吉林人民出版社

图书在版编目(CIP)数据

趣味动物 / 金煜编著. -- 长春:吉林人民出版社,
2012.7

(发现科学世界丛书. 第2辑)

ISBN 978-7-206-09200-8

Ⅰ.①趣… Ⅱ.①金… Ⅲ.①动物 – 青年读物②动物
– 少年读物 Ⅳ.①Q95-49

中国版本图书馆 CIP 数据核字(2012)第 160175 号

趣味动物
QUWEI DONGWU

编　　著:金　煜

责任编辑:关亦淳　　　　　　　　封面设计:七　洱

吉林人民出版社出版 发行(长春市人民大街7548号　邮政编码:130022)

印　　刷:北京市一鑫印务有限公司

开　　本:670mm×950mm　　　　　1/16

印　　张:11.75　　　　　　字　　数:137千字

标准书号:ISBN 978-7-206-09200-8

版　　次:2012年7月第1版　　　印　　次:2021年8月第2次印刷

定　　价:38.00元

如发现印装质量问题,影响阅读,请与出版社联系调换。

目　录

海底总动员

昆虫家族

撩起动物神秘的面纱

奇怪的叶形鱼

　　为了防御敌人，许多鱼类都有自己特殊的自卫武器和保护身体的色彩。叶形鱼即是如此。

　　在南美洲的小河里生活着一种不大的鱼，外形像叶子，颜色与红叶树的老叶相同，头的前端生着一个形状和叶柄相似的小突起，看上去像一片树叶，当它穿行在小河两岸边的水草丛时，真像岸边树上掉下的一片叶子。这种鱼的行动也很奇特，在水中它好像是顺水漂浮，没有任何游水的动作，仔细观察，才能发现它们在频繁地摆动着鳍划水，它们的鳍很小，而且透明无色，在水中几乎看不出它们在摆动。叶形鱼常常一动不动地躺在水底、几乎与落到水里的树叶毫无区别。当用网捞起它们时，也丝毫不动，必须仔细挑出捞到的树叶，才能从中发现一些是"活"的——叶形鱼，我国古代有鱼目混珠的寓言故事，但像叶形鱼这种以"鱼身混叶"的还真不多见。

奇异的"渔夫"

　　有一种生活在海里的鱼叫鮟鱇，常潜伏在海底，能发出像人咳嗽的声音，人们称它为"老头鱼"，也称它为奇异的渔夫。鮟鱇的身体相当大，大的身长达 1.5 米，在它的背部生着一条很奇怪的鳍棘，这条鳍棘原是背鳍的一部分，后来渐渐变化而成一根长而柔软像"鱼竿"状的东西，在这根"鱼竿"的顶端还吊着一个小囊状的皮瓣。鮟鱇常常伏在海底，用沙土把身体埋住，仅伸出它的"鱼竿"引诱在附近游动的小鱼，一旦"鱼竿"把小鱼"钓"到它的大嘴附近，鮟鱇就张开大嘴很顺当地把小鱼吞食下去。鮟鱇胸部有一对非常宽大的鳍，像它的双臂一样，可以撑起它的身体，鮟鱇常借助这个胸鳍在海底做跳跃运动。由于鮟鱇用它那特殊的"鱼竿"捕捉小鱼的方式，和能在水底跳跃的本领，人们称它为奇异的"渔夫"。

"水对陆"神射手

在南洋群岛和波利尼西亚群岛附近海域，有一种色彩十分艳丽的射鱼，别看它体形娇小，却是名副其实的"水对陆"神射手。所谓"水对陆"，即射鱼与其他鱼一样同是生活在水中，却能奇迹般地射杀和捕食生活在陆地上的昆虫。这种叫作射鱼的神射手，经常流连于沿岸的水域里，看上去似漫不经意的样子，实际上却在全神贯注地盯着岸边草丛灌木上歇息的昆虫。一旦确定了攻击目标，一股高速水流就会在顷刻之间，从它嘴里喷射出来，不偏不倚地将目标昆虫击落到水中，它便从容地吞食下去。射鱼百发百中地发射"水弹"，从不失手，的确让人赞叹不已，甚至弹无虚发的神枪手们也会为它的精湛表演而由衷地钦佩。

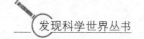
深海中的"懒汉"

坐享其成的懒汉并非人类的专利。生活在深海中的雄性鮟鱇鱼就是货真价实的鱼类"懒汉"。鮟鱇鱼的雄性不仅在体形上比雌性小得多，而且形象上也差别很大。雄性鱼的脑袋上缺少那根鞭子似的长须，以至于长期以来，科学家们都误将这种鱼的两性分成不同的种。

说雄性鮟鱇鱼是懒汉，是指它们在找到"妻子"以后的表现。其实，成熟的雄鱼在求偶方面一点儿也不懒，为此，它们不惜长途跋涉、苦苦寻觅而从不懈怠。一旦遇到雌鱼，那就终身相附至死，雄鱼一生的营养也由雌鱼供给。

由于它生长在黑暗的大海深处，行动缓慢，又不合群生活，因此找伴侣实属不易。一旦找到合适的对象，雄鮟鱇就会毫不犹豫地将牙齿咬进雌性身体的柔软部位，依附在妻子身上，合二为一地成为一体，最后完全愈合。这样一来，雄性鱼除了精巢组织继续发育外，其他器官一律停止发育，最后完全退化。其所有维持生存不可或缺的氧气和营养成分，都从雌鱼的血液中获取。这时，这种懒家伙干脆就变成了无须食物的"吸血鬼"。

尼罗长颌鱼的定位器

生活在浑浊水域里的长颌鱼，习惯于把脑袋扎进淤泥中觅食，在浑水中洞察敌情就显得非常困难。可喜的是它们不仅有供捕食用的发电装置，还有电感应器官。它们的"发电站"每秒放电300次，在自身周围形成一个微弱的电场。由于它游动时身体不会弯曲，身体周围的电场便不会扰乱。一旦有大鱼来侵扰，电场的均匀性就打乱了。鱼体比周围水域的导电性要好得多，电力线就会直指来犯者，长颌鱼的电感应器就会立刻报警。

长颌鱼这一定位器不仅使它们在逃避天敌攻击方面受益，同时也能帮助它正确导航、逾越障碍，正如蝙蝠拥有回声定位一样。对于鱼类而言，水域中的大多数障碍都是电的不良导体，电力线往往被这些东西阻挡。因此，尼罗长颌鱼总能把动物体与非生命体区分开。

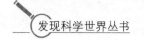

身怀绝技的鱼

　　电鳗是生活在中美洲和南美洲河流中的淡水鱼。从外形上看，它像鳗鱼，但从解剖学的构造来鉴别，它更像一种接近鲤科的鱼类。电鳗身长 2 米，体重可达 20 千克，可以称得上是一种大鱼。

　　它身怀绝技的奥秘就在于它能发电，在它的身体两侧的肌肉中，分布着一些特殊的发电器官，仿佛是活的伏特电堆：这种由多达 6000 个特殊肌肉组织薄片构成的肌体部件，由结缔组织在这些薄片之间间隔着，与这种发电器官连通着的还有遍布全身的神经网络。电鳗释放电能时的电压可达 300 伏特，这足以使河里的动物和人体，感受到电鳗的存在及其电流的刺激。

　　狡猾的电鳗通常是神不知鬼不觉地游近毫无戒备的鱼群和蛙类群体，然后突然放电杀伤猎物。由于它所电杀的猎物远远超出了它的好胃口所能容纳的食量，因而不少人认为电鳗是造成某些地方鱼类产量锐减的罪魁祸首。

　　电鳗不仅能发电，它的肉也味道鲜美，富于营养。为了捕获这种美味，人们总是先将一些家畜赶进河里，让电鳗在它们身上作无谓的放电——消耗大量的电能。然后，就可以放心大胆地下河施网捕鱼尝

鲜了，体力与电流均已减弱的电鳗已经失去了"电击"的杀伤力了。

　　生活在非洲尼罗河里和西非一些河流中的电鲶，也是一种怀揣"发电机"的鱼类，所不同的是，它不像电鳗那样残杀无辜，它的放电"秘密武器"只限于用来自卫。当地居民甚至还将电鲶的"放电"本事，当作一种理疗风湿病的特殊医疗器械，而受益匪浅。

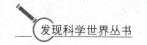
"比目连枝"与比目鱼

  "比目连枝"是一个与爱情有关的成语。"连枝"指连在一起的树枝，"比目"即比目鱼，传说此鱼只有一目，须两鱼并游。古人也许看到过这类异物，故有"比目连枝"这一成语，比喻有情者不能分离。如元贾固《小令·寄金莺儿》中即有："乐心儿比目连枝，肯意儿新婚燕尔。"

  比目鱼并不是一个新名词，唐人即已吟咏"得成比目何辞死，愿作鸳鸯不羡仙"，流传至今仍是脍炙人口。《尔雅·释地》中说："东方有比目鱼焉，不比不行，其名谓之鲽。"为什么称为比目鱼呢？旧时的注释说："比目状似牛脾，鳞细，紫黑色，一眼，两片相合乃得行，故称比目鱼。"这注释将比目鱼的形状倒描摹得不错，但是说它只有一只眼睛，而且要"两片相合乃得行"那就错了。比目鱼确是一边有眼睛一边没有眼睛的奇鱼，但有眼睛的一边，却是两只眼贴近生在一起，并非只有一只。而且比目鱼的性格根本就不喜游动，它在水中游动时也是平游的，不像其他鱼类那样是竖着游的，因此它并不需要"两片相合乃得行"。这种情形，只要从鱼市上找一条大菱鲆看一下就可以明白了。

比目鱼是一个大家族，既包括鲆科，又有鲽科、鳎科、舌鳎科等远房亲戚。各地的叫法也不同，江浙一带叫比目鱼，北方叫偏口鱼，广东称为左口鱼或大地鱼，也有人叫鞋底鱼，一般统称比目鱼。古时候，有人把鲆和鲽误认为一雌一雄，因为它们成双紧贴排列游泳，有眼的一边向外，似夫妻并肩前进，故有"凤凰双栖鱼比目"的佳话。清人李渔在描写书生谭楚玉和女艺人刘藐姑相爱的故事时，就干脆把剧本定名为《比目鱼》。其实，两条同类的比目鱼是永远合不拢的。

可是，刚孵出来的小比目鱼却不是这副模样，它的两眼长在头的两边。比目鱼的眼睛又是怎么搬家的呢？鱼类学家发现，小比目鱼长到3厘米长的时候，眼睛就开始搬家了，一侧的眼睛向头的上方移动，渐渐地通过头的上缘，移向另一侧，直到接近另一只眼睛时才停止移动。与此同时，比目鱼逐渐下沉到海底，以后便侧卧于海底，它那有眼睛的一侧总是向上的。不过，不同类的比目鱼眼睛的位置不同，鲆和舌鳎的两眼长在左侧，鲽和鳎的两眼却长在右侧。

在我国广西大罗有一种名叫半边鱼的奇鱼，它们身体的一边凸起有鳞，另一边扁平无鳞且光滑。平时雄鱼和雌鱼总是卿卿我我、耳鬓厮磨地厮守在一起，每当遇上激流险滩时，它们就以扁平的一面紧贴在一块，形成一个整体，齐心奋力溯流而上。如果其中一条鱼游不动了，另一条鱼也绝不会弃它而去。因此，在当地人中流传有"爱情要像半边鱼"的赞美诗句。相形之下，比目鱼就要逊色多了。

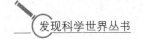

四眼鱼

　　在南美洲有一种人称四眼鱼的奇特鱼类，与其他鱼类不同的是，这种鱼有4只而不是两只"眼睛"，它能同时看清水面上和水下的物体。凭着这双独一无二的眼睛，四眼鱼能在同一时刻完成两项任务：一边搜寻水面上飞行的昆虫，一边睁大另外两只眼睛防范捕猎者的偷袭。

　　仔细研究就会发现，四眼鱼其实并不是真正具有4只眼，而是因为眼球结构十分特殊。四眼鱼的眼球内有一道由上皮细胞构成的结膜通过角膜，同时虹膜又生出两个凸起从中间横亘瞳孔，将眼睛分为上下两个部分，看上去就像是4只独立的眼睛，一对朝上看，一对朝下看。同时，四眼鱼眼内上宽下窄的椭圆形晶状体具有特殊的折光作用：从眼球上半区射入的光线通过晶状体聚焦后将成像于视网膜的下半区；反之，从眼球下半区看到的物体又被感知于视网膜的上半区。

　　目前，世界上许多国家的科学家正致力于研究四眼鱼眼睛独特的生理构造，如果研制成功"四眼鱼镜头"并装备在潜水艇的潜望镜上，那么未来的潜水艇只需升起一根镜管，便可以同时观察到水下、海面、空中的情况，视野大大开阔，既知己又知彼，作战能力可大幅度提高。

海洋里的"飞行家"

俗话说："海阔凭鱼跃，天高任鸟飞。"其实在动物王国里，除了鸟类之外，还有许多会飞的动物。它们虽然没有鸟类那样令人羡慕的翅膀，但"飞行"起来毫不逊色，堪称一大自然奇观。在浩瀚无垠的海洋中，就有许多这样引人注目的"飞行家"。

在我国南海和东海上航行的人们，经常能看到这样的情景：深蓝色的海面上，突然跃出了成群的"小飞机"，它们犹如群鸟一般掠过海空，高一阵，低一阵，翱翔竞飞，景象十分壮观。有时候，它们在飞行时竟会落到汽艇或轮船的甲板上面，使船员"坐收渔利"。这种像鸟儿一样会飞的鱼，就是海洋上闻名遐迩的飞鱼。这是一种中小型鱼类，因为它会"飞"，所以人们都叫它飞鱼。飞鱼生活在热带、亚热带和温带海洋里，在太平洋、大西洋、印度洋及地中海都可以见到它们飞翔的身姿。

飞鱼是个大家族，系鳕目飞鱼科统称，我国产的飞鱼有弓头燕鳐、尖头燕鳐等6种。飞鱼的长相很奇特，身体近于圆筒形，它虽然没有昆虫那样善于飞行的翅膀，也没有鸟类那样搏击长空的双翼，可是它们有非常发达的胸鳍，长度相当于身体的2/3，看上去有点像鸟的翅膀，并向后伸展到尾部。腹鳍也比较大，可以作为辅助滑翔用。它的尾鳍呈叉形，在蓝色的海面上扑浪前进、时隐时现的情景，很是惹人喜爱。

飞鱼为什么能像海鸟那样在海面上飞行呢？说得确切些，飞鱼的"飞行"其实只是一种滑翔而已。科学家们用摄影机揭示了飞鱼"飞行"的秘密，结果发现，飞鱼实际上是利用它的"飞行器"——尾巴猛拨海水起飞的，而不是像过去人们所想象的那样，以为是靠振动它那长而宽大的胸鳍来飞行。飞鱼在出水之前，先在水面下调整角度快速游动，快接近海面时，将胸鳍和腹鳍紧贴在身体的两侧，这时很像一艘潜水艇，然后用强有力的尾鳍左右急剧摆动，划出一条锯齿形的曲折水痕，使其产生一股强大的冲力，促使鱼体像箭一样突然破水而出，起飞速度竟超过18米／秒。飞出水面时，飞鱼立即张开又长又宽的胸鳍，迎着海面上吹来的风以大约15米／秒的速度作滑翔飞行。当风力适当的时候，飞鱼能在离水面4米—5米的空中飞行200米—400米，是世界上飞得最远的鱼。有人曾在热带大西洋测得飞鱼最好的飞翔记录：飞行时间90秒，飞行高度10.97米，飞行距离1109.5米。

当飞鱼返回水中时，如果需要重新起飞，它就利用全身尚未入水之时，再用尾部拍打海浪，以便增加滑翔的力量，使其重新跃出水面，继续短暂的滑翔飞行。显而易见，飞鱼的"翅膀"其实并没有扇动，而只是靠尾部的推动力在空中作短暂的"飞行"。有人曾做过这样的试验，将飞鱼的尾鳍剪去，再放回海里，由于它没有像鸟类那样发达的胸肌，不能扇动"翅膀"，所以断尾鳍的飞鱼再也不能腾空而起了。

位于加勒比海东端的珊瑚岛国巴巴多斯，以盛产飞鱼而闻名于

世。这里的飞鱼种类近100种，小的飞鱼不过手掌大，大的有2米多长。据当地人说，大飞鱼能跃出水面约400米高，最远可以在空中一口气滑翔3000多米。显然这种说法太夸张了。但飞鱼的确是巴巴多斯的特产，也是这个美丽岛国的象征，许多娱乐场所和旅游设施都是以"飞鱼"命名的，用飞鱼做成的菜肴则是巴巴多斯的名菜之一。站在海滩上放眼眺望，一条条梭子形的飞鱼破浪而出，在海面上穿梭交织，迎着雪白的浪花腾空飞翔。繁花似锦的"抛物线"，仿佛美丽的喷泉令人目不暇接。瞬息万变的图景美丽壮观，令人久久难忘。游客们在此不仅能观赏到"飞鱼击浪"的奇观，还可以获得一枚制作精致的飞鱼纪念章。巴巴多斯因而获得了"飞鱼岛国"的雅号。

飞鱼为什么要"飞行"？海洋生物学家认为，飞鱼的飞翔，大多是为了逃避金枪鱼、剑鱼等大型鱼类的追逐，或是由于船只靠近受惊而飞。海洋鱼类的大家庭并不总是平静的，飞鱼是生活在海洋上层的中小型鱼类，是鲨鱼、鲜花鳅、金枪鱼、剑鱼等凶猛鱼类争相捕食的对象。飞鱼在长期生存竞争中，形成了一种十分巧妙的逃避敌害的技能——跃水飞翔，可以暂时离开危险的海域。因此，飞鱼并不轻易跃出水面，只有遭到敌害攻击时，或受到轮船引擎震荡声的刺激时，才施展出这种本领来。但有时候，飞鱼由于兴奋或生殖等原因也会跃出水面。当然，飞鱼这种特殊的"自卫"方法并不是绝对可靠的。在海上飞行的飞鱼尽管逃脱了海中之敌的袭击，但也常常成为海面上守株待兔的海鸟如，"军舰鸟"的口中食。飞鱼就是这样一会儿跃出水面，一会儿钻入海中，用这种办法来逃避海里或空中的敌害。飞鱼具有趋光性，夜晚若在船甲板上挂一盏灯，成群的飞鱼就会寻光而来，自投罗网撞到甲板上。飞鱼的肉特别鲜美，肉质鲜嫩，是上等菜肴。

当然，在浩瀚无垠的海洋里，并不是只有飞鱼才会飞翔。有一种大型鳐鱼，宽达6米—7米，重达2吨—3吨，看似十分笨拙，行动却十分敏捷。当受到惊吓时，巨大的鳐鱼能跃出水面1米多高。特别是在夜间，它还会跃出水面滑翔，仿佛一架飞机在海面侦察，还常常撞翻渔船，所以被渔民们称之为"鬼鳐"或"魔鳐"。

无独有偶，乌贼也有类似的成名绝技。乌贼是一种生活在海洋中的头足类软体动物，平时漂浮在大海中，专以小鱼虾或其他小动物为食。当遇到海中敌害时，它们就会拿出自己的救命绝招施放"烟幕弹"。令人惊奇的是，乌贼还有一种逃避敌害的绝技——空中飞行。在海洋中，有好几种乌贼能从海里跃起，像飞鱼一样在空中飞行一定的距离，甚至也能飞到船的甲板上，有海上"活火箭"之称。但乌贼通常都是贴着水面飞行，飞行高度不超过1米，难以和飞鱼相提并论。

乌贼是如何飞行呢？我们知道，乌贼在水里的游泳姿势与众不同，它是头朝后、身体向前倒退前进的，据称最大游速可达每小时100多公里。

乌贼飞行的动力来自颈部的特殊管道——水管向外喷水而获得的反作用力，因此乌贼也是躯干向前倒退飞行的，这同它在水中调整游动时的姿势一致。在飞出水面之前，乌贼在水中将腕足紧紧叠成锥形，长长的触腕伸直，长在身体后部的鳍紧紧贴住外套膜，把摩擦阻力减少到最低限度。一切准备就绪后，乌贼便以喷射的方式剧烈运动，当达到最大速度时，乌贼就斜着身子向上急冲，猛跃出水面。

在空中，乌贼立即将鳍尽量展开。支持乌贼飞行的空气动力作用在鳍面中心，即在距离腹部末端相当于身长的1/5和1/8处，鳍尾则在空气的压力下向上卷起。飞行时，乌贼的第二对腕和第三对腕最大限度地张开成拱状，并张紧腕的保护膜，盖住叉开的腕之间的地方，从而形成独特的"前鳍"，它的面积超过尾鳍面积的1.67倍。这样，乌贼的头部和躯干部都有了空气动力作用面，所以乌贼的飞行快速而平稳。由于空气的密度比水要小得多，乌贼的速度此时急剧增大，其飞行速度可达每秒9米—12米，甚至达到每秒15米，几乎相当于飞鱼的速度。

不过，由于乌贼不能像飞鱼那样利用风力在空中随机应变作曲折飞行，而且在飞行过程中，后鳍长长的末端拖在水里，因此乌贼飞行的距离要比飞鱼短。据说乌贼最好的飞行成绩是5米—6米高、50米—60米远，但这样的飞行距离对于逃避敌害也完全足够了。当飞行速度逐渐减缓时，乌贼就折叠起鳍和腕，又一头扎进海里，继续以喷射方式游来荡去。

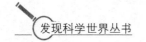

嘴上长锯的怪鱼

当你在海底潜水的时候，说不准会看到一条像锯子一样的鱼。

美国的潜水爱好者大卫·波耳就曾有过这种经历。他下意识地想去抓那把"锯子"，那把"锯子"却突然朝他冲了过来，他吓坏了，仔细一看，才发现那是条长着"锯子"的怪鱼。这种长着锯子的怪鱼名叫"锯鳐"，在长期的进化过程中，锯鳐的上嘴唇变得很扁长，两边长着像锯齿般的尖，它的"锯子"最长可达20厘米。

锯鳐的外形酷似鲨鱼，但锯鳐和锯鲨之间的主要差别是锯鳐的体形较小，而且锯须上有两个坚硬的鬃。锯鳐通常在海水和淡水中交替生活，而澳大利亚的淡水锯鳐则完全栖息在河口或河流上游，距离海洋有100公里之远。

我国的台湾海峡曾出现过一种尖齿锯鳐，但现在早已不见了踪影。近几年来，我国的淡水水域和海洋里都没有发现锯鳐，但在一些城市的水族馆里还可以看见锯鳐的奇特身影。锯鳐的捕食方式十分独特，它们将嘴上的"锯子"在水里使劲地搅动，从它们身旁游过的小鱼就会陆续遭殃，它们用长剑般"锯子"的顶端把猎物击伤，然后利用其锯齿形的嘴部不断来回撕扯猎物，就像用锯子锯木头一样，将猎物完全挫伤之后，它们就开始慢慢享用无力逃脱的美食。

锯鳐的肉质鲜美，皮可制革，鳍为高级鱼翅，经济价值极高。所以，渔民们大肆捕捞锯鳐，致使它们的数量急速减少，面临灭绝的危险。它们一度广泛出现于地中海和大西洋东部。现在，锯鳐的所有种类从欧洲完全消失了，但西非的渔民有时还能捕捞到。美国的科学家们通过调查后发现，分布在美国的锯鳐数量已经下降了99%，残存的锯鳐仅仅生活在佛罗里达的一些水域里。

"水中恶魔"食人鱼

"水中恶魔"食人鱼

俗语说："大鱼吃小鱼，小鱼吃虾米。"可是在南美洲亚马孙河流域的一些湖泊和河流中，却生长着一种鱼，不怕大动物，极具攻击性。在当地印第安部落里常常可以看见一些缺腿断臂和残指的人，据说这些人就是在河边洗衣服或洗澡时遭难的。

那么，这些湖泊和河流中究竟潜藏着什么怪物呢？

美国探险家杜林专程进行了考察，他目睹了一只大鸟企图捕猎水中鱼的情景。大鸟以俯冲的姿势冲入水中，却在水中挣扎起来，最后沉入水中。杜林非常惊讶，为了解开这个谜团，他把一只山羊用绳子绑住推入水中。不到几秒钟，湖水便猛烈地翻腾起来。5分钟后，他拉起绳子一看，只剩下了一具山羊的骨骼，骨骼上的肉已被啃得干干净净。

杜林在山羊的胸腔骨里发现了几条形状怪异的小鱼，它们掉在草地上乱跳，碰到什么咬什么。它们的头部两侧呈黑色，腹部呈黄色，仅6厘米—7厘米长，奇怪的是小鱼的嘴里却长着两排像利刃般锋利的牙齿。

经研究发现，这正是亚马孙河流域特有的"食人鱼"，当地人称"水鬼"。

食人鱼为何如此厉害

据生物学家统计，目前已发现的食人鱼有20多种，不仅出现在亚马孙河流域，在南美洲安第斯山脉以东，从加勒比海南岸至阿根廷北部的一些拉美国家都有食人鱼的踪迹。

食人鱼的体形虽然小，它的性情却十分凶猛残暴。一旦被咬的猎物溢出血腥，它就会疯狂无比，用其锋利的尖齿，像外科医生的手术刀一般疯狂地撕咬切割，直到剩下一堆骸骨为止。

食人鱼为什么这么厉害？这是因为它的颈部短，头骨特别是腭骨十分坚硬，上下腭的咬合力大得惊人，可以咬穿牛皮甚至硬邦邦的木板，能把钢制的钓鱼钩一口咬断，其他鱼类当然就不是它的对手了。平时在水中称王称霸的鳄鱼，一旦遇到了食人鱼，也会吓得缩成一团，翻转身体面朝天，把坚硬的背部朝下，立即浮上水面，使食人鱼无法咬到腹部，救自己一命。

食人鱼的生活是群居性的，时常几百条、上千条聚集在一起，能同时用视觉、嗅觉和对水波震动的灵敏感觉寻觅进攻目标。

食人鱼有胆量袭击比它自身大几倍甚至几十倍的动物，而且还有一套行之有效的"围剿战术"。当它们猎食时，食人鱼总是首先咬住猎物的致命部位，使其失去逃生的能力，然后成群结队地轮番发起攻击，一个接一个地冲上前去猛咬一口，迅速将目标化整为零，其速度之快令人难以置信。

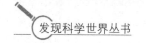

食人鱼为何难以称霸亚马孙

许多人对这样一个问题大惑不解：既然食人鱼这么厉害，为什么亚马孙地区的动物不会被它扫荡光呢？

食人鱼的主要食物当然不会是落到水里的人、猴子、牛或其他哺乳动物，因为这种守株待兔式的猎食方式不能使它挨到下一顿，它们的主要目标是其他各种鱼类。

然而对于食人鱼来说，在亚马孙流域的河流里去猎食其他鱼类并非轻而易举之事，因为河水实在浑浊，能见度通常不超过1米，而食人鱼发起攻击时离猎物的距离不能大于25厘米。

食人鱼的游速不够快，这对于许多鱼类来说无疑值得庆幸。游速慢的原因归咎于食人鱼的那副铁饼状的体形。长期的生物进化为什么没有赋予它苗条一点儿的身材呢？科学家们认为，铁饼形的体态是所有种类的食人鱼相互辨认的一个外观标志，这个标志起到了阻止食人鱼同类相食的作用。

为了对付食人鱼，还有许多鱼类在千百年的生存竞争中发展了自己的"尖端武器"。例如，一条电鳗所放出的高压电流就能把30多条食人鱼送上"电椅"处以死刑，然后再慢慢吃掉。

刺鲶则善于利用它的锐利棘刺，一旦被食人鱼盯上了，它就以最快速度游到最底下的一条食人鱼腹下，不管食人鱼怎样游动，它都与之同步动作。食人鱼要想对它下口，刺鲶马上脊刺怒张，使食人鱼无可奈何。

食人鱼还有一种独特的禀性，只有成群结队时它才凶狠无比。有的鱼类爱好者在玻璃缸里养上一条食人鱼，为了在客人面前显示自己的勇敢，有时他故意把手伸到水里，在大多数情况下他都能安然无恙。

假如客人凑近玻璃缸或是主人做了一个突如其来的手势，这种素有"亚马孙的恐怖"之称的食人鱼竟然吓得退缩到鱼缸最远的角落里不敢动弹。显而易见，平常成群结队时不可一世的食人鱼，一旦离了群，就成了可怜巴巴的胆小鬼啦。

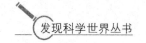

专吃大鱼的盲鳗

　　人们常说："大鱼吃小鱼"，可是小小的盲鳗却偏偏要吃大鱼。它能从大鱼的鳃部钻入腹腔，在大鱼肚里咬食内脏与肌肉，边吃边排泄，最后咬穿大鱼的腹肌，破洞而出。盲鳗食量极大，一条盲鳗在大鱼腹里待七个小时，可以吃进比它自身重量大18倍的鱼肉，有时甚至能将一条鱼吃得只剩下皮肤与骨骼。有人曾在一尾鳕鱼的体内找到了123条盲鳗，鳕鱼的内脏已被吃光。

　　盲鳗生活在海里，约有30种。产于我国沿海的只有一种——蒲氏粘盲鳗。盲鳗所以能"吃里爬外"，钻鳃掏肚，过着寄生生活，这与它的身体结构有关。盲鳗身体像河鳗，但头部无上下颌，口如吸盘，生着锐利的角质齿。鳃呈囊状，内鳃孔与咽直接相连，外鳃孔在离口很远的后面向外开口，使身体前部深入寄主组织而不影响呼吸。盲鳗凭借吸盘吸附在大鱼身上，然后寻机从鳃钻入鱼腹。由于长期在鱼体内过着寄生生活，眼睛已退化藏于皮下。它的嗅觉和口端4对触须的触觉非常灵敏，能迅速感知大鱼的到来。

　　盲鳗属圆口类动物，雌雄同体。在交配时它先充当雄体，一段时间以后，又充当雌体。受精卵不经变态可直接发育成小鳗。

非凡动物杀手

　　自然界中存在着这样一些动物，人们关注它们，不是因为它们长得奇怪，而是因为它们的生活习性确实令人难以置信。在这里，我们会看到一些动物界非凡的杀手，它们或暗藏杀机，或公然掠夺，但目的只有一个——生存。

长尾鲨鱼

　　长尾鲨鱼生活在热带或海水温暖的海洋中。它们可以长达6米，它们还有一条长长的镰刀状尾，有些尾巴足有身体那么长。长尾鲨鱼以捕食凤尾鱼、鲭鱼、鱿鱼为主。为了猎食，长尾鲨鱼有时会通力协作，成对地"围剿"猎食的鱼群，它们挥舞着镰刀状的长足抽打水，恫吓猎物，让它们乖乖地就范，最后把猎物驱赶成一小团，再美美地饱餐一顿。

射手鱼

　　不同的生物在不同的环境中进化出了不同的取食工具，大自然让一种小鱼进化出了一种有效的"高压喷水枪"，以击落在水面上停留的昆虫，这种鱼就是射手鱼。射手鱼的体形不大，最大的一种只能长到 18 厘米，它们尖头，大嘴垂着一个大肚子，主要在水体的上层水域活动，一旦发现猎物，它的嘴里能喷出连续水滴，一举击中停留在水面草上和岸边的昆虫。成年射手鱼喷水的射程竟可达 1.5 米。射手鱼生活在马来西亚和澳大利亚北部的淡水和咸水中。

足球鱼

足球鱼生活在全世界最深、最冷的海洋中，那里是它们宽阔的"运动场"，自然，它们的主要"运动"就是用它们头上顶着的"钓鱼竿"钓鱼。顾名思义，足球鱼长着一个滚圆的身体，体表还点缀着一些骨质化的圆盘，它们是世界上已知的 300 种"钓鱼"鱼中的一种。足球鱼用它那"内罩的鱼竿"———一种特殊的倒钩，来引诱好奇的猎物，一旦它们靠得很近，立即成了足球鱼的食物。

会吼叫的蟾鱼

鱼类在水下会通过各种方式发出声音，其中鱼鳔发出的声音最响，它是鱼类交流信息的一种"语言"。

鱼类交往时使用的音频范围为20—1200赫兹，人耳能听见的振动频率为20—20000赫兹，但是人耳为什么很难听见鱼音呢？原来，声音在水中传播的速度要比在空气中快4.5倍，水越深压力越大，声音传播的速度越快，鱼类无须发出很响的声音，便能取得很好的音响效果。人耳要听到鱼音，一般必须借助水下听音器。

海洋中的事确实奇妙，1984年夏季的一天深夜，行驶在美国西海岸旧金山湾的一艘客轮上的所有旅客，都被一种奇异的噪音吵醒了，这噪音使旅客难以入眠。有人携带潜水器具潜入海中察看。

排除了机器噪音的可能性，但仍不知其因。这种奇异的声音又持续了若干天，直到10月才停止。可是到了第2年的夏天，这种声音又再度出现了。

美国海洋生物学家尼森认为，这种神秘的声音来自生活在水底的——蟾鱼，根据他过去的潜水经验，知道这种鱼能发出巨大的喧闹声。蟾鱼本是生活在海洋深处的，到了夏天就游到浅水区产卵繁殖，雄鱼在追求雌鱼而振动鱼鳔时，就会发出嗡嗡巨响。为了证实这种说法，旧金山斯坦哈特水族馆的莫柯斯柯馆长捕捞了几条海底蟾鱼放在水族馆里，也许是环境发生了变化，这几条鱼并不"叫唤"。莫柯斯柯馆长并不甘心，他带领助手，深夜划船到海湾这种鱼最喧嚣的海域下网。网拉上来了，太妙了，有条沾满泥的蟾鱼正"吼叫"着呢！

谜底终于揭开了。现在来往于旧金山湾客轮上的旅客，虽然有时在深夜被来自海洋的叫声吵醒，但当他们得知这是蟾鱼发出的求爱之声时，一切恼怒和烦躁不但顿时消失，而且越发感到海洋的神秘和有趣。

神奇的八爪鱼和海蛇尾

　　八爪鱼是澳大利亚海洋生物学家在印尼海域发现的。这种八爪鱼，具有百变退敌的本领，它在遇到危险时，能迅速伪装成其他海洋生物，把袭击它的海洋生物吓走。

　　八爪鱼能将其他海洋生物模仿得惟妙惟肖。例如，当它遭到小丑鱼袭击时，它便会把六条角须卷成一条，扮成海蛇模样吓退小丑鱼。它还能收起角须，装扮成一条全身长满含有剧毒腺的鱼，使袭击它的敌人胃口大减，从而摆脱危险。它也能伸展角须，模仿成有斑纹和毒刺鳍的狮子鱼，使敌人望而生畏，不敢再越雷池半步。

　　澳大利亚科学家发现八爪鱼的同时，美国贝尔实验室的科学家，也发现了一种名叫海蛇尾的海洋动物。它的模样像海星，挥舞着5条长长的"手臂"在海洋中游泳，看上去没有头也没有眼睛，但事实上每条手臂都遍布眼睛，全身是一只巨大的复眼。这种海蛇尾，它的身体表面是由碳酸钙构成的骨板和许多极其微小的"凸透镜"构成，每个"凸透镜"直径约为1／20毫米，能把光线聚焦在体表以下5微米的地方。

目前，科学家们正对它们这种精巧得令人类嫉妒的构造进行研究，希望模仿它制造出微型透镜，用在未来的光学计算机上和其他方面。

形状怪异的翻车鱼

在我国沿海尤其在南海诸岛的辽阔海域，生活着一种形状怪异、体态硕大的翻车鱼。这种鱼看上去好像是有头无身的鱼，故又名"头鱼"。

翻车鱼体高而侧扁，亚圆形，身体好像削掉一半似的，全身只有前半部，鱼尾就看不到了。它的头很小，吻圆钝，眼睛也很小，在上侧位。背侧为灰褐色，腹侧银白色，鳍多为灰褐色。可以说是长得颠三倒四的奇鱼。

有趣的是，鱼大都游泳速度快，但翻车鱼竟没有什么游泳能力，仅仅依赖两片特长的背鳍和臀鳍的摆动来控制方向，缓缓前进或任其随波漂流。它还有个奇怪特性，当天气好时，便会将背鳍露出水面作风帆，随风向漂浮，在海面上晒太阳；但当天气变坏时，便侧身平浮于水面，以背鳍和臀鳍划水游动。

翻车鱼个体较大，最大者体长可达3米—5米，体重可达1.5吨—3.5吨。有趣的是，这么大的鱼，却长着樱桃似的小嘴，看来很不相称。不过，它凭着这张小嘴却能摄食养活自己的巨大身躯。它食性很杂，既食鱼类和海藻，也摄食软体动物、水母及浮游甲壳类。它多栖息在热带亚热带海洋。翻车鱼虽然数量不多，但它却是鱼类产卵冠军，一般鱼类产卵几百万粒算是多了，而翻车鱼却能产3亿粒卵。不过，由于所产的卵是浮性卵，易被别的鱼类吞食，所以尽管产卵很多，但真正能成活的数量却很少，因而捕到翻车鱼是难得的事。

弹涂鱼的尾巴

　　在印度生长着一种让人琢磨不透的弹涂鱼。它长期生活在淤泥里，离不了水，但又可以在陆地上行动自由，还能爬树、捕食昆虫。它用尾巴呼吸的独特生存方式更让人着迷。弹涂鱼的尾部皮肤上布满了血管分支，人们发现，它上岸捉虫时，总是将尾巴连同尾鳍伸进水里，在腾空捕食飞虫、身体着地后，尾巴仍然会留在水中。

　　弹涂鱼或许是用尾巴从水中摄取氧气，但测试结果（水中的氧含量极低）又推翻了这种猜测。原来，弹涂鱼将尾巴伸进水里并非吸氧而是取水。吸水的目的在于保持身体各部位的潮湿润泽状态，这种状态，进而满足用体表分泌大量黏液，从而获取空气中的氧的需要，而经由尾巴得到的氧是微乎其微的。弹涂鱼之所以能长时间脱离水，是因为它的尾巴可向身体供水，使之能用身体表面来呼吸，这样，它的尾巴竟演绎成了非同小可的呼吸器官。

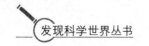
慈爱的父亲：狮子鱼

　　狮子鱼生长在白海和巴伦支海的海域。它们的体长有 50 厘米，其外貌也并非慈眉善目，而名称也似乎给人以弱肉强食的凶残印象。可谁曾料想，雄性狮子鱼竟有一颗慈父心和呵护儿女的技艺。

　　自打雌性狮子鱼在退潮海水的边沿产卵之后，雄性狮子鱼就及时承担了父亲的责任和义务。除了要保护鱼卵免受凶猛动物的伤害外，还要在退潮时，口中含水喷吐到鱼卵上，以保持孵化所必需的湿润。偶尔，它们还使出用鱼尾拍击海水，将溅起的水花喷洒鱼卵的绝招。鱼卵孵化出幼鱼后，它们的慈父爱心并未减退，仍然一如既往地陪伴、护卫在幼鱼群的左右。遇到险情，长着吸盘的幼鱼就向鱼爸爸游去，不一会儿工夫，鱼爸爸的周身就被吸附它身体的幼鱼密密麻麻地簇拥起来。看上去，它们父子间也不知道究竟是谁护卫谁了。慈父就这样满载着吸附周身的幼鱼，游向深海中的安全地带。

军曹鱼的威风

  军曹鱼的美称乃至于它的威风，来自它光彩照人的外表。军曹鱼不仅身体颜色与众不同，且身上还有排列整齐的特殊发光点，既像军官服上缀着的金属纽扣，又如同金光闪闪的军功章。不仅耀眼夺目，且闪光点的数量也多得惊人，灯笼似的发光器官竟有300个左右。

  这些发光器官的表层覆盖着一层不透光的膜，其内表面光洁度较高，能反射光线。发光器官的前端有一透镜装置，聚光作用由此而产生，发光器内部的一种黏液具有在黑暗中发光的特性，不知是军曹鱼生性不爱招摇过市、引人注目，还是出于节约能源的考虑，它几乎不用自身的"聚光灯"来照明，只有到了交配季节，军曹鱼才会解除"灯光管制"，施展军曹威风，大放异彩光辉。

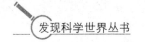

水中"变色龙"

　　这里所指的"变色龙",是指生活在水里善于运用保护色和保护形伪装自己以躲避天敌的动物的统称。生长在海里的澳洲海马,说它是鱼真难以置信。澳洲海马全身缀满许多突起物和丝状物体,在海水中张张扬扬、身体舒展,颇有些婆娑起舞的飘逸感,不像动物,倒更像是植物——丛生状的水生藻类,这属于形变。变色的鱼也不少:一种叫鳎的鱼,随环境的色彩变化而使自身也变得多姿多彩。当处在红色的水藻中它是血红色肌肤,一旦转换到绿色环境,它摇身一变,成了草绿色的鱼,而当它披上橄榄黄的时装,就表明它已进入黄色的海藻中。有一种海鱼,当它去海底捕食猎物时,瞬间就能将自身类似于海水色的深蓝体色变幻成海底的黄色基调,一旦进食完毕,由海底深层游向海水的浅层,它们的体色又恢复到蓝色的常态。

　　毒疣鱼就常常利用体色潜伏在海底,将半截身体掩埋在泥土里,然后以猝不及防的速度用带毒腺的背鳍攻击人体和其他鱼类。

趣谈变性鱼

　　鱼有雌有雄是尽人皆知的，但某些鱼类的性别转换却鲜为人知。

　　在加勒比海和美国佛罗里达州海域，生活着一种蓝条石斑鱼。这种鱼的性别每天可变换数次。若两条鱼交配产卵，则其中一条充当雌鱼，另一条则充当雄鱼，一旦交配完后，它们互换雌雄，再进行繁殖。

　　生活在红海的红绸鱼性喜群居，每一群红绸鱼中只有一条雄鱼，其余都是雌鱼。一旦雄鱼死亡，雌鱼中最强壮的一条就要发生变化，从外表的生殖器官开始慢慢向雄转变，最后成为鱼群中的新头领。

　　俗名叫蚝的软体动物牡蛎，不仅营养丰富，而且是动物世界中的变性高手。牡蛎的性别一年一个样，雌雄交替，年年变化，周而复始，终其一生。

　　人们常见的黄鳝，一生都是雌性的。它们在三年内，身体长到20厘米以上，完成做妈妈的责任，此后，它们的性别开始变化，到6岁时就全部变成雄性黄鳝了。这时，它们体长可达42厘米，甚至更长。因此，黄鳝是先做妈妈后当爸爸。

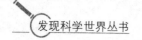
防治疟疾的"鱼大夫"

  大家都知道疟疾是一种使患者出现同期性全身发冷、发热、多汗等症状的疾病，这种病是经蚊虫叮咬或输入带病原虫者的血液而感染症原虫所引起的虫媒传染病。原产于美洲的食蚊鱼则是蚊子的克星，别看食蚊鱼的体形较小，只有2.5—3厘米的身长，且对生活环境也要求不高，但它们捕食蚊虫的狠劲可一点儿也不含糊。正因为如此，世界各国疟疾流行的地区都相继引进食蚊鱼，在自然条件下的各种水面和稻田中将它们成功地繁殖起来，有效地防治疟疾的流行，甚至在消灭疟疾病毒战役中也起到了决定性的作用。因此，食蚊鱼作为防治疟疾的"鱼大夫"是当之无愧的。

"职业"食蚊家

鱼类中不乏食蚊"能手"。据统计，全世界食蚊的鱼类不下90种，像鲫、鲤、中华鲀，都是吞食幼蚊的好手。而其中享有"职业"食蚊家盛名的柳条鱼是它们中的佼佼者。柳条鱼很小，长约3—10毫米，体狭长，状如柳叶。游动敏捷，常穿梭于水生植物中捕蚊度日，每天能捕食孑孓200个以上。有人做过统计，在1万立方米的水中，只要放养一条柳条鱼，就可使水中的孑孓全部消灭。此鱼还是一种"多胎多产"的胎生鱼，一个月左右就能生殖一次，平均每胎约产仔鱼30条。现在许多国家大量养殖柳条鱼来灭蚊。

中国的斗鱼，又叫"钱爿鱼"，虽略逊于柳条鱼，但其食蚊的名声也不小，每日可食孑孓160多个。此外，罗汉鱼也是以捕蚊为己任，每日捕食孑孓50个左右。

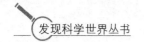

金鱼品种知多少

　　金鱼是由野生鲫鱼演变而成的。但今天的金鱼与它的老祖宗鲫鱼已没有任何相像的地方了。金鱼的颜色是五彩缤纷的，有红、黄、黑、蓝、紫色的以及各种花斑杂色的；体态也多种多样，有长身形和短身形；尾鳍有单、双层，有上单下双三尾的，有垂尾、展开尾等等；头型也变化多端，有平头、鹅头、狮子头；眼睛有正常眼、龙眼、朝天眼、水泡眼等，各不相同。

　　体形、头形和眼睛的搭配，组成了金鱼各个不同的品种。金鱼的品种到底有多少呢？据统计，今天金鱼的品种已有200多种了。

　　金鱼这么多的品种是怎样形成的呢？动物学家非常有兴趣地考察了金鱼的家史。从现有资料查明：大约从1163年开始，人们把金鱼由野生变为家养。在家养池子里，金鱼度过了300多年的历史，从1547年开始金鱼从池养改为家庭盆养，人们在家里的金鱼缸里欣赏金鱼的同时，开始注意保护、保存一些外形美丽的品种，而把一些不太好看的品种淘汰掉。金鱼经过这么多年的家养，尤其是到后来人们有意识地进行人工杂交、人工选择，终于形成了今天如此众多的、令人眼花缭乱的金鱼品种。

电鱼漫谈

　　电鱼发电器产生的电压，随种类不同而有很大差别，号称"震手（鱼浦）"的双鳍电鳐可产生45—80伏的电压，非洲尼罗河的电鲶可产生450伏左右的电压，南美洲的电鳗威力更大，可产生900伏的电压，人畜若踏到电鳗身上，将遭电击而危及生命。电鱼的放电频率高低不等，高频放电每秒可达250—280次；低频放电每秒只有10—20次。电鱼放电并不是无休无止的，当电能耗竭后，就将停止放电，经过一段时间休息，才恢复放电能力。

　　电鱼发电器是它自卫或捕食的工具，发电器受大脑支配，对其放电的强度和时间，电鱼完全能够控制。到目前为止，人类的任何一种蓄电装置，在结构和效能上都没有超过鱼的发电器。具有发电能力的鱼类统称为电鱼，已知的约有250种。其中有生活在南美洲热带海域的电鳗类，非洲热带海域的电鳃类和长吻鱼类，中国南海的双鳍电鳐、单鳍电鳐和坚皮电鳐。

　　电鱼之所以能发电，是因为它身上带有发电器。这类发电器的基本构造和发电原理，与人类所制造的发电器大致相同，只是构件的成分不一样。电鱼的发电器是由肌肉或一些组织组成的，电的导线是一

条条神经末梢，而人造的发电器主要由一些金属构件组成，用金属导线来传输电流。电鱼的发电器由许多多边形的肌肉柱状体组成，柱状体内又分成许多小间隔，各柱状体之间被结缔组织的电板隔开，这样构成串联的蓄电池组似的结构，柱状体内的电板如同蓄电池的电极，电极的一边接有一簇神经末梢的是负极，没有神经分布的另一边是正极，电极由大脑和脊髓神经支配。大脑传出放电信号时，发电器的电路马上通电，进而放电；大脑停止发射信号时，发电器的电路立即中断，便停止发电的巧妙之处正是仿生学家们的研究兴趣所在。

深水鱼的视觉奥秘

终日生活在昏暗中的深水鱼之所以能保持一定的视觉，得益于其独特的视网膜结构。科学家们认为，动物大脑感受视觉的一个前提，就是必须有光源直射或物体反射的光线作用于眼球的视网膜。普通鱼类的视网膜中含有视锥细胞和视杆细胞。视锥细胞适于感受正常强度的可见光和分辨颜色，视杆细胞则对弱光反应敏感。俄科学院湖泊生物学研究所专家对贝加尔湖的深水鱼进行长期考察后发现，生活在不同深度水域的鱼类，其视网膜结构各不相同。

生活在距水面100米以内的鱼类，其视网膜中含有很多视锥细胞，因此能够敏锐地感受射入水中的可见光。生活在水深100米至1000米之间的鱼类，其视网膜结构会向两种不同方向发展。随着水深的增加，一类鱼的视锥细胞会逐渐减少，视杆细胞则会相应地增生，这样就能在水深400米以下的昏暗水域中辨别物体的轮廓和方向；另一类鱼则有选择地舍弃部分视锥细胞，保留下能感受波长较短、穿透性较强的蓝光的视锥细胞。这样的视网膜结构可使鱼最大限度地分辨色彩。

生活在水深1600米上下的鱼类完全没有视锥细胞，其整个视网膜都充满了视杆细胞。白天，它们潜伏在深水里。夜晚，它们便游到表层湖水中，尽可能地利用微弱光线捕食浮游生物。这样，它们也能使自己保持一定的视觉。

鱼类的自卫武器

　　动物总是通过自身的防卫系统来确保自己的生存空间免受侵犯。在人们的印象中，似乎只有蛇才以分泌毒素作为自卫的方式，其实不然，有不少鱼也有这种分泌毒汁进行自卫的本事。有一种生活在南洋群岛海域的毒疣鱼，它的自卫武器是长在背鳍基部上的毒腺，遇到外来攻击时，毒疣鱼的背鳍立即进入"一级战备状态"，以迅雷不及掩耳之势，将鳍骨刺入来犯者身体的同时，把毒液注入了伤口，由此造成的刺激使受伤者痛苦不堪，甚至致命。

　　黑海里有一种叫魟的毒鱼（又叫黄貂鱼），它的自卫武器是长在尾部的一条尖齿状的针刺，能分泌毒汁的细小毒腺大量分布在针刺周围，一旦有人不留神冒犯了它，它就会迅速做出自卫反应，用针刺和毒汁令"冒犯者"流血不止、疼痛难忍。

　　箭鱼是一种身长达4米的大块头鱼种。它那十分突出而狭长的上颌，尖端溜尖锐利，简直就是一支无坚不摧的长箭。它在鱼群中横冲直撞，以至于它的长箭（上颌）误伤了不少鱼虾，甚至某些木船的船舷和船底也在箭鱼的冲击之下，弄得破损不堪。更有甚者，一种名叫锯鳐的鱼，身长6米，它的上颌竟有长达2米的锯齿突起物，也是一种锐利的武器。或许，箭鱼和锯鳐的身体武器不仅限于自卫防身，在很多时候，它们也是主动攻击和猎取动物的强力武器。

海底动物的"激光武器"

    居住在海底世界的枪乌贼和乌贼能喷射出液体火焰来自卫。它们喷出的团状液体形状与它们自身的体形十分相似，因此具有以假乱真的迷惑性，那些追捕者经常在这种发光的替身面前捕风捉影。真假难辨，而"障眼法"的实施者早已不知去向了。

    深海虾类也配备了类似于乌贼那样的"激光武器"，它们嘴边上的特殊腺体每逢危急关头就会闪亮一道光屏。虾类往往是群体活动，遇到不测，虾群发出的无数光亮点能形成一道屏障将追捕者阻隔，而它们则利用光亮的掩护四下逃散。有些动物能把握在追猎者牙齿擒住的那一瞬间才放射光芒。

"引诱有术"的鱼类

　　动物世界里的生存竞争往往是以争夺食物为焦点的，弱肉强食似乎是永恒的真理，鱼类中通过"引诱术"来获取食物的高手，的确是身怀绝技。

　　穗鳍鱼是一种生活在深海中的鱼。它的身体上天然生就了一些较为复杂的引食工具（具有特殊捕食功能的器官）。比方说，穗鳍鱼的背鳍骨线就活像是呈树枝状的一系列钓竿，每根钓竿的末梢均有一个"引鱼上钩"的膨胀物——"诱饵"，这种"诱饵"之所以能全天候地"诱敌深入"，是因为它能发出荧光，而小鱼、小虾的趋光性根本就抵挡不住"荧光膨胀物"的诱惑，自投罗网而成了穗鳍鱼的口中之食。

　　瞻星鱼又叫作䲢鱼，是一种极其凶猛的鱼，它常年生活在水底。它能把自身下嘴唇的奇特红色突起物，从嘴上超常地伸出去很远，其修长的身体形态，使得这种下唇突起物在海中沙底上的活动姿态更像是一条蠕虫。而这"蠕虫"似的新鲜东西，则使许多馋嘴贪食的小鱼都成了这种凶猛鱼类的"盘中餐""口中食"。

奇怪的偏口鱼

在北京的许多海鲜市场上，都出售一种偏口的鱼。因它肉质较厚，味道鲜美，深受人们喜爱。现在沿海也有了养殖这类鱼的渔场。

偏口鱼令人觉得奇怪的地方是因为它的两只眼睛不是分别长在头的两侧，而是并排在头的一边。在所有鱼类中，长着这样一副模样的有三类鱼：鲆、鲽、鳎。鳎的外观相差较大，易于区别。而鲆和鲽的外观非常相似，人们就把两眼长在左侧的称为鲆，长在右侧的称为鲽。粗犷的北方人根据它们的外形特征给了它们一个实惠的名字叫偏口鱼，细腻的江浙人叫了一个文雅的名字：比目鱼。并且在古时候，它们认为鲆和鲽，一左一右排列的眼睛，是一种鱼的一雌一雄，这种鱼成双成对地排列着游泳，夫妻的眼睛各观察一侧的动静，象征和睦恩爱。同心协力，永不分离的高尚情操，故有了"凤凰双栖鱼比目"的佳话。

不过偏口鱼并非天生如此，刚出生的它们与父母完全不同，它们的眼睛是对称的长在头的两侧，生活在海水的中上层。大约长到半寸长时，它们的体形开始变化，一只眼上移动到头的另一侧，背鳍、臀鳍也向前长至头部，身体侧扁扭转，大约一百天后，才变成父母的模样。从此，体形怪异的偏口开始了它的潜伏在海底的生活。它们靠侧扁的身体和尾部上下摆动前进，常常是在夜间出来偷猎食物，多以海星和其他小动物为食。

三戏鲨鱼

鲨鱼以凶猛残忍著称。全世界的鲨鱼大约有350种。生活在我国海域里的鲨鱼约有80种。

这一天，在广袤深邃的大海里，突然出现了一条口内长满利齿的大鲨鱼，它凶神恶煞地东游西窜地寻找着猎物。要说从远处望去大海的表面似乎风平浪静。人们哪里知道，在这一望无垠的海洋世界里，原来也充斥着动物之间的尔虞我诈，弱肉强食，大小"战斗"从未停止过。就在这条饥饿的鲨鱼心急如焚地想捕捉到食物的时候，一条䲟鱼出现了。饿极了的鲨鱼心想："你这小小的鲫鱼，快给我充充饥吧。"于是心花怒放的鲨鱼，加足马力，照准鲫鱼游动的地方冲了过去，只见身怀绝技的鲫鱼，说时迟，那时快，"噌"地一下，吸附在一只大海龟的腹部，优哉游哉地免费旅行去了。鲨鱼眼看到嘴的食物消逝了，它只能悻悻地游走了。鲨鱼边游边想着刚才发生的事情，什么鱼类，有这么大的本事呢？鲨鱼百思不得其解。原来这种有本事的鱼是一种鲫鱼。它能用头上的吸盘吸附在鲨鱼、海龟以及各种船只的身上。这是因为鲫鱼的第一背鳍变成了一个椭圆形的吸盘，它牢牢地长在头顶上。吸盘的构造也很奇特：中间有一条纵腺，将吸盘分为两部分,每一部分都有22—24对软质骨板,排列得很规则,周围还有一圈薄而富有弹性的皮膜。鲫鱼一旦见到海龟,鲨鱼或各种船只的时候,它便立刻游过去将吸盘贴上,使吸盘变成一个真空的"小屋子",这时靠着水的压力,就能使鲫鱼的吸盘牢固地吸附在大海龟身上了。

鲨鱼仍然在寻找着新的猎物,烟波浩渺的大海,有着数不清的各种动物,而且每一种动物都会机警地逃脱鲨鱼那尖锐的利齿。只见不远处有几条飞鱼在兴致勃勃地游动着,鲨鱼看在眼里,喜上心头,照着飞鱼群径直冲了过去,心想可以美美地饱餐一顿了。意想不到的事情又发生了。瞬间,几条飞鱼突然离开水面,腾空而起"飞"向天空。本来脾气就不好的鲨鱼,这次被飞鱼又戏弄一番,气得鼓鼓的,呆呆地望天兴叹。这又是怎么一回事啊,难道我这海洋一霸真的就捕不到食物吗?它只有再次悻悻地游走了。

鲨鱼边游边想,鱼儿离不开水,这是天经地义的事,怎么有的鱼竟能耍出这么高的绝技,离开水面,飞了起来?是啊,如果远远望去,飞鱼像鸟一样,长有两只翅膀,可是鱼类又怎么可能长出翅膀呢?我们准确地说,飞鱼并不会飞,只是在空中滑翔。它的"翅膀"和鸟翼的结构不同,没有羽毛,而是一对十分发达的胸鳍。飞鱼体长20—30厘米,胸鳍竟占体长的2/3。它的尾鳍呈叉形,而且下尾叶特别长。

飞鱼在起飞前,先将胸鳍和腹鳍紧贴身体两侧,像一艘潜水艇,然后在一定的角度上猛烈地游到水面,用强有力的下尾叶迅速打击水面,得到冲力后,便张开翅膀似的胸鳍腾空而起,在空中滑翔一阵子,落入水面,尾部再用力击水,又升入空中,这样连续几次后,便头朝下落入水中。飞鱼一般能冲出水面5—6米，滑翔速度为每秒钟20—30米，可在空中滑翔100—300米；顺风时滑翔500米。

飞鱼要飞出水面，这主要是为了逃避大鱼或其他凶猛动物的追逐。因为鲨鱼、剑鱼、金枪鱼经常追击飞鱼并吞食它，飞鱼为保命，就"练"出一身飞翔本领。另外，飞鱼的视力很差，不易获取食物，只得飞上空中、捕捉水面上的昆虫充饥。

穷凶极恶的鲨鱼两次被戏弄后，更加气急败坏，它张着犹如绞肉机般的大嘴，仍在不死心地寻找着可充饥的猎物。聪明一时的鲨鱼这次索性往海底的方向游了过去。鲨鱼心想海底会有老实、行动缓慢的鱼类，何不到那里不用费多大力气就能捕到鲜嫩的美餐。果然不出鲨鱼所料。在泥沙中有一条豹鳎一动不动地在"养神"。鲨鱼真是欣喜若狂，心想"看你这回往哪里跑"，鲨鱼张开血盆大口对准豹鳎刚要去咬，就见鲨鱼使劲地摇着头，显得万分痛苦的样子。这又是怎么回事啊？原来一向不爱活动的豹鳎的"法宝"便是能往外分泌乳白色的剧淋液，使得这条大鲨鱼只好再闭上嘴，因为鲨鱼的咬合肌被豹鳎的分泌液麻痹了。结果一心想吃掉豹鳎的鲨鱼反而被弄得狼狈不堪，它又一次悻悻地离去。

豹鳎又称偏口鱼，是比目鱼的一种。它长得很古怪，眼睛都长在一边。其实，这种鱼小的时候也和普通鱼儿一样，双眼长在头的两侧，它们活泼可爱，还常常浮到水面上来玩耍。但是，长到2—4厘米的时候，小小比目鱼忽然改变了生活方式，它开始侧着身体游泳，并喜欢较长时间地躺在海底。天长日久，就使得比目鱼那只靠沙地的眼睛发生了变化，眼睛下的软带不断地增长，并开始向上慢慢移动，最后和上面的那只眼睛并列，这个时候，上移的那只眼睛又生成眼眶骨，从此不再挪动位置。于是就形成了双眼长在一边的怪模样；同时，向上一侧的皮肤颜色逐渐变深。

豹鳎常常把身体埋在泥沙中，只露出双眼，十分有利于隐蔽自己，这样，既可以躲避敌害的侵袭，又可以使小鱼小虾放松了警惕，成为它的口中之食。为了适应在泥沙中生活，比目鱼的鳃盖膜后缘向内卷成管状，呼吸时，水从口入，然后从鳃上端小孔中慢慢排出，这样可以避免泥沙进入鳃内。

千奇百怪的鱼

变性鱼　在加勒比海和美国佛罗里达州海域里，有一种会变性的蓝条石斑鱼。这种鱼的雌雄性别每天可以变换数次。若两条鱼交配产卵，则其中一条先当雌鱼，另一条充当雄鱼。一旦交配完成，它们又互换雌雄，轮流"执政"，再行繁殖。

宝石鱼　大西洋的亚庇尔群岛附近水域，有一种会吐宝石的鱼。它们吃小石头，而排泄出来的却是五光十色的像琥珀、玛瑙、孔雀石之类的"宝石"。

烟花鱼　南印度洋有一种奇特的会发光的鱼。它们从食物中摄取含磷的有机物，并不断地在体内储存起来，一旦遇到敌害或看见船只，就会喷出发光物质以自卫。数以万计的喷火发光的鱼一齐喷出含磷的物质时，磷在空中自燃，形成一束束绿色的火焰，好像燃放烟花焰火一样，颇为壮观。

盾牌鱼　该鱼生活在大西洋里，其头上长着一块像蚌壳样的硬壳，状为盾牌，故名。遇敌时，便用"盾牌"来保护自己。一旦被大鱼吞入腹中仍可活命，而贪食的大鱼却会为此丧生。因为它那锋利的"盾牌"像一把利刀，很快就会把大鱼的肚皮割破。

脱帽鱼　生活在苏丹埃宾河里，头部附生着一个帽形的外壳。如果外壳一旦被外敌捉住，它就会迅速地收身子连接外壳的肉筋咬断，来个金蝉脱壳——"脱帽"而逃。

吸盘鱼　因其第一背鳍变态形成吸盘，故及此名。该鱼常以吸盘附于鲨鱼或其他大鱼、海鱼或舰船底，让这些大动物或舰船带着它周游世界各大洋，故有"最懒的海洋鱼类"和"免费旅行家"之称。渔民捕获活的吸盘鱼后，用绳子捆在它的尾柄上，放归大海，让它吸附于海龟或大鱼身上，从而"钓"取海龟和大鱼。

灯眼鱼　即眼底安灯的鱼。它的眼皮底下安有两盏眼灯，发出的光足以让潜水员在水底看清自己手表上的时间。据说1907年在牙买加海岸，人们最先发现这种神鱼，可是在以后的70年间再也没有捕到它。直到1978年1月，美国旧金山一水族馆为了寻找这种神鱼，专门组织一支考察队在加勒比海水域潜水探捕，终于又发现它的踪迹，且为数不少。人们在夜海距离15米远处就能看到它发出的光亮，故称之为探照灯鱼或灯笼眼鱼。原来，光源是滋生在其头部数以亿计的细菌。这些细菌借吸取鱼血里的营养和氧气赖以生存，就算鱼死后一段时间，仍能继续发光。

清洁鱼　一种生活在海洋里的鲜艳夺目的小鱼，专为生病的大鱼搞清洁，故又叫鱼大夫。因受到细菌等微生物和寄生虫的侵袭而生病的大鱼前来求医时，首先张开大口，小小的清洁鱼便能进它嘴里、喉咙里和牙缝间，大鱼便舒舒服服地游走了。它没有任何药物和器械，只凭嘴尖去清洁病鱼伤口上的坏死组织和致病的微生物，而这些被"清除"的污物却成了它赖以生存的食物。

低温鱼　在大西洋水域里，生活着一种令人称奇的白血鱼。它不

用鳃呼吸，其所含的红血素比其他鱼类少96%，在零下5℃—8℃的低温条件下，其他鱼血液凝固了，而白血鱼近乎白色的血液，仍然流动，照样生存。故称冻不死的鱼。

发电鱼　我国东海、南海一带生长着一种电鳐鱼。在海边作业的人们一旦踩着它，便立刻会感到浑身麻木，好像触电一样，严重时甚至当场晕倒。这种鱼喜欢潜伏在海底泥沙里，饥饿时才从泥沙里钻出来。它觅食时的绝招是游进鱼虾中频频放电，待对方麻晕不能游动时再吞食之。若遇敌害攻击，便放电回击。据测定，它发出的电压通常在70—100V之间，最高时可达220V，可使我们室内照明用的白炽灯发亮！

不怕鲨鱼的鱼　鲨鱼生性残忍、凶猛，素称"海上霸王"和"鱼中之王"。但生活在红海的一种名叫"蒙侬蒙侬的脚后脚"的鱼，却毫不畏惧鲨鱼的吞食。当鲨鱼把它咬进嘴里的时候，它会立刻分泌出一种毒素，使鲨鱼的上下颚麻痹，嘴只能张开而不能合拢。此时它便鲨口逃生，免遭厄运。更有趣者，它分泌的毒素只对鲨鱼有效，对人类却无害处。有人设想，如果能用人工方法制造出这种毒素，那么人也就获得了和鲨鱼斗争的有力武器。

会唱歌的鲸　科学家发现鲸会唱歌，每唱一次长达6—8分钟。把录下来的"鲸歌"加快速度14倍播放，声音很像婉转的鸟鸣。鲸在海里无论独处或群游，唱的都是同样的歌，但节奏不相同，也不是齐唱。将鲸历年唱的歌相比较，竟发现同一年内所有的鲸都唱同样的歌，但到翌年又换唱新歌。它唱的歌还经常有新的内容，但不管这新变化如何复杂，所有的鲸都能互相跟上来。

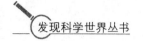

让大白鲨与人"和睦相处"

　　澳大利亚海岸约有一万头"大白鲨"。平均每年有6名冲浪人遭到这种巨型食肉动物的杀害。最近在澳大利亚南部海岸,又有两名年轻人在24小时之内连续受害,再次突显出鲨鱼对人类的威胁。近年来澳大利亚有人大肆捕猎大白鲨,使这种动物濒临绝种。

　　澳大利亚发明家米尔福德设计了一种防鲨设备。这种设备向外发出一连串的电子脉冲,使靠得太近的鲨鱼被暂时麻痹。这种新发明的防鲨装置以电池为动力,电极可以佩戴在冲浪时穿的湿式潜水衣上或是安装在冲浪板的底部。米尔福德说,这个设备既不伤害鲨鱼,也不伤害人,只起麻痹神经的作用,这实际上是一种两全的保护措施。研究人员已经对这一装置进行了3年的研制,到目前为止,试验结果令人鼓舞。生产商希望这一产品上市时,能够打进拥有近三千万冲浪者的世界市场。曾受鲨鱼伤害而死里逃生的福克斯说,"一片血红色的海水,一只满嘴大牙张着血盆大口的大白鲨正在向我冲来的可怕景象,永远刻印在我的脑海里,并不时地困扰着我,但愿这种设备将成为驱除侵袭者的可靠装置,可以避免我遭遇过的可怕经历在别人身上重演。我对未来抱有很大的希望,期望不久的将来我们能够戴上那个小小的黑匣子，安全自在地走向大海。"

澳大利亚以丰富多彩的"户外活动"、出色的海浪和美丽的海礁而闻名于世，尽管鲨鱼给那里的旅游业带来很大威胁，但对那些敢于冒险的人们来说，他们不那么在乎鲨鱼攻击。一位新近到澳大利亚的英国人租了一块冲浪板后，问与他一起划向海里去的冲浪人，"要是看到了鲨鱼该怎么办?"所得到的回答是"不管我有怎么样的遭遇，都不要告诉别人。""这里的海浪那么好，我们不希望海滩关闭，不希望游客都跑回家去! 或许有了米尔福德发明的电子防鲨装置，许多的冲浪人将会和鲨鱼共同分享澳大利亚美丽的海滩，人和动物将会在海里相安无事。"

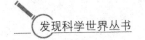

趣谈鱼名

　　鱼类除了学名、拉丁文名之外，还有一些广泛被人们称呼的俗名，例如剑鱼、带鱼、太阳鱼、镜鱼、蝴蝶鱼等等。其中每一个名称被指定用于某一种鱼身上并非偶然，这与鱼的外形或生物学特征十分相符。

　　鱼类的双重名称大多是事出有因（体形、头形、鳍形、色泽、习性等），有些是像另一种动物。例如，刺猬鱼能使自己的身躯鼓成一个球状，上面布满尖尖的骨针，看上去很像只刺猬。海马身躯前部更是神似马的头部和颈部，简直与国际象棋中的马惟妙惟肖。斑马鱼整个身躯和鱼鳍上贯穿着黑色鲜明条纹，兔子鱼因其鱼尾巴像兔子的耳朵得名，属于中国斗鱼的一种。鹦鹉鱼每一腭骨上的牙齿都连在一起，十分像鹦鹉的喙，同时其色彩艳丽。蛙鱼鼓起的特短身躯前部覆盖有一层无鳞厚皮，而隐藏在海草丛中的蛇鱼，其头部和背部都长有极毒的棘刺。蟾蜍鱼因能利用自己的鱼鳔产生非常响的声音而著名，在平静天气里可以在海岸边听到它发出的巨大响声。

　　还有一些鱼因与某种东西相似而获得不少双重名称。例如，剃刀鱼的身体两侧被压得扁扁的，覆盖有一薄薄的骨片，使其腹部下边形

成刀刃。细长的针鱼像一枚缝纫针，锯鱼的嘴巴活像一把家常的铲头，两边排列有锯齿。锤子鱼的头部两侧长有两个锤子形状的突起，剑鱼的上颚特别细长且锐利。而带鱼的名称非常形象化，天生一副扁平而长长的身子，相反，月亮鱼身材异常短小，但身体两侧也显得格外扁平，看上去就像一轮月面。在美洲太平洋沿海一带栖息有一种叫作蜡烛鱼的鱼，在这种鱼在产卵期体内油质很大，可制蜡烛。

有趣的是，有些鱼的名称还能反映一定职业或职务人士的某些相似性。例如，栖息在珊瑚礁中外表稀奇古怪的丑角鱼，具有鲜艳而又非常花哨的颜色。一种外号为"海军准尉"的鱼，身上布满亮斑，就像海军制服上仔细擦亮的金属纽扣一样闪光。骑士鱼身上覆盖有一层由坚韧大鳞片组成的密实"铠甲"，每片鳞片都有带棘刺的冠状物。

一些鱼的古怪名称有时仅由一个单词组成，比如在鱼类学词典中常会见到这样一些单词：裂腹鱼、泥鱼、钓鱼人、大尉、外科大夫、爱唠叨者等等。到处使用这些鱼的俗名未必合适，因为，有时会引起笑话。

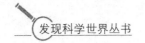
鱼类的"生儿育女"

　　鱼类是具有惊人繁殖能力的动物。然而，它们在生儿育女方面从来就是广种薄收、惨淡经营的主儿。鱼类大多都是产卵繁殖。鳊每次产卵约2.5万颗，鲤鱼和狗鱼每次产卵10万颗，冬穴鱼30万颗，山鲶50万颗，大鲟鱼和鳕鱼高达几百万颗。产卵为世界之最的翻车鱼，一次产卵3亿颗。鱼产卵后大多对其后代的生死存亡置之不理，因此，它们的儿女中只有百分之几能长成大鱼。

　　但鱼类动物中也有极个别的关心其后代的健康成长。刺鱼就具有筑巢和护卫鱼卵的天性，处在交尾期间的雄性刺鱼，拥有美艳的肌肤体色，它们不辞辛劳地将水生植物的枝茎铺就在事先掘出的小坑里，巢的顶盖和墙壁也择取同样的建筑材料。这些筑巢的草茎枝叶均用黏液粘得坚实牢靠。有的刺鱼也将圆球形的巢悬空构筑在水生植物中间。"产房"落成之后，雄鱼将雌鱼引领其中。雌鱼产卵后便弃巢而去，雄鱼则坚守岗位，在巢中护卫鱼卵，并不时地摆动鱼鳍，让巢内始终有活水循环，促进鱼卵发育。甚至，待到幼鱼孵化出来后，雄鱼仍然在一定的时间内呵护它们健康成长。

　　某些养在鱼缸里的观赏鱼（如斗鱼）也是由雄性来筑巢的。只不

过，它们从不用植物作为建筑材料，而是选用一种取之不尽的特殊建材——用鱼嘴加工而成的空气泡。雄鱼设法使每个气泡中都有一颗鱼卵，而且要求气泡分布均匀。这些工作都是靠一张鱼嘴去完成的。倘若有鱼卵不幸沉入水底，雄鱼会尽心尽职地将它们打捞起来，重新置入水中悬浮的气泡里去。在鱼卵孵化的整个周期里，雄鱼都一丝不苟地不断调整气泡的位置使它们均匀分布。小鱼孵化出来以后，雄性斗鱼不仅要防范其他鱼类的伤害和攻击，同时也要防止产卵雌鱼吞食亲生子女的悲剧发生。甚至还要向敢于伸进鱼缸的手指发起攻击，以确保幼鱼的安全。

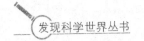

辛苦的"鱼爸爸"

在鱼类的家庭生活中，雄性往往付出更多一些。在经历了冬季之后，雄性梭鲈鱼群作为先头部队于早春时节返回到了它们自己的出生地。鱼群自动解散后，就会各自去选择理想的"宅基地"，然后选用水生植物的根垒起一个生儿育女的安乐窝，恭候雌鱼光临。雌鱼大摇大摆而来，产完卵就扬长而去，权当什么事也没发生一样。剩下的鱼卵安全保卫工作全由雄鱼承担了，真是好不辛苦的"鱼爸爸"。

鱼类奇异的 "婚恋"

"击鼓" 求爱：

在春天产卵期，雄性黑线鳕鼓起气泡，发出清脆悦耳的声音，像击鼓那样，以此来召雌鱼。当雌鱼被这种鼓声渐渐吸引过来时，雄鱼便会加快发声，直到这种声音成为一种嗡嗡声为止。如果有几条雄鱼同时向一条雌鱼求爱，那么，谁 "击鼓" 时间最长，谁就会赢得雌鱼的爱情。

婚前考验：

地中海有一种鳗鱼，当雄鱼向雌鱼求婚时，雄鱼首先得经过照料一堆鱼卵的资格考验。一两天后，雌鱼返回原处，如果交给雄鱼的鱼卵依然存在，它就会与雄鱼交配；反之，它会扭头就走，不和雄鱼交配。

强行成婚：

热带鱼类罗非鱼到了生殖季节，雄鱼就开始建造新房，在事先选择好的地点，挖出一个直径为30—40厘米、深约10厘米的小窝。新房建好后，雄鱼便徘徊门前，注视着来往游鱼，发现雌罗非鱼游过，立即迎上前去，拦路堵截，也不管对方愿不愿意，逼雌鱼入窝，强行"成婚"。

"异族"丈夫：

在亚马孙河流域，有一种鱼叫毛利鱼，这种鱼没有雄性只有雌性。于是，到了交配期，雌毛利鱼便去拉较弱的同属不同族的雄鱼做"大夫"。这个丈夫在交配中只起激活卵子的作用，而它的基因不会遗传给毛利鱼的子孙。

鱼类如何交配

在硬骨鱼类，绝大多数种类都是体外受精，雄鱼当然无交配器可言，但少数种类系体内受精，雄体必须有交配器才能完成延续后代的繁衍使命。在软骨鱼类，绝大多数种类系卵胎生类型，少数种类为卵生体外发育类型，但不论何种类型，均为体内受精，所以雄体都有交配器。那么，体内受精鱼类的雄者，其交配器是什么样子？雌雄又怎样进行交配？

软骨鱼类包括两大类群，即板鳃鱼类和全头鱼类。前者指所有鲨鱼和鳐鱼，后者指银鲛类，其种类有限，生活在我国的仅黑线银鲛一种。板鳃鱼类的雄鱼，其交配器位于腹鳍内侧，是一对棒状结构，内有软骨支持，称鳍脚。

鳍脚是腹鳍的一部分。两鳍脚相邻的一侧各有一沟，两沟相合便成一管。两性交配时，雌鱼静止不动，雄鱼将身体缠绕在雌体中部，然后把两鳍脚合拢，共同插入雌体的泄殖腔孔中。精液经鳍脚之沟管流入雌体的子宫中，精子沿输卵管上行，至前段时与卵子相遇而完成受精过程。全头类以黑线银鲛为例，其雄鱼的腹鳍内侧同样有鳍脚一对，我们称为腹鳍脚，与板鳃鱼类所不同的是鳍脚与腹鳍已完全分离。两性交配时，因雌性的泄殖孔与肛门完全分开，即泄殖腔已彻底消失，所以雄体的鳍脚只能插入肛门前方的生殖孔中，才能完成交配受精任务。全头类不仅仅有一对腹鳍脚，在其前方还有一对皮刺状的副鳍脚，称腹前鳍脚。腹前鳍脚平时藏于腹鳍前方的皮肤浅囊里，交配时伸出来起抱握雌体的作用。另外在头部背方双眼之前的中央，还有一个指状突起，称额鳍脚。额鳍脚前端有许多弯曲带钩的棘刺，平时伏于皮肤的凹槽中，而交配时伸出来用以钩住雌体。雌银鲛在背鳍基部常常有伤迹斑斑的疤痕，那便是被雄银鲛卷持交配时所留下的证据。软骨鱼类由于要进行雌雄交配而实施体内受精，致使产卵量比硬骨鱼类大为降低，尤其进行体内发育的卵胎生种类，雌鱼怀卵量仅为几枚至几十枚，甚至仅产一个卵。

硬骨鱼类虽多为体外受精，但少数体内受精种类的雄者，其交配器更为奇特。产于南美、中美的四眼鱼，双眼均为一薄膜分成上下两部，下部可水中视物，从而可水中捕食小动物；而上部可水上视物，从而可跃出水面，捕吃空中飞舞的小虫，故名四眼鱼。四眼鱼便是体内受精种类，其雄者的交配器是生殖孔的延伸，进而演变为圆锥状的管状突起，其周围为许多小鳞片所包。雌者的生殖孔则常为一个特别的鳞片所掩盖，称生殖孔鳞，其一边固着，另一边游离。为生殖孔鳞所掩盖的生殖孔，位置往往不对称，即不是偏左就是偏右。其结果就使雌雄交配时别具一格，格外引人注目：雌雄身体腹面相对必须左右平行，即不是雌左雄右就是雌右雄左，否则便无法施行交配行为。鳉类的雄者，其交配器也是生殖孔延长的突起，或呈圆锥状，或是管状，有的甚至延长到臀鳍最前的软鳍条前端。南美、中美的许多鳉类，雄性的交配器更为复杂，内有骨质轴支持，而且与臀鳍发生密切联系，即臀鳍比一般鳉类不仅位置靠前，且第三、四、五3根鳍条膨大而延长，形成一条开放的沟或一个封闭的管，起交配时固定交配器于一定位置的作用，从而使精液准确无误地流入雌体的生殖道中。分布于马来半岛至菲律宾的另一种鳉类，雄性在头、胸的腹面，另外还有一个特别的交配器称喉器。其内是复杂的骨骼和通肾脏及生殖腺的导管，还有交配时用来攫握雌体的骨质附属物。不过喉器与四眼鱼的交配器一样，位置不对称，偏左或偏右。

喉器的作用究竟在哪里？迄今还不大清楚。鳉类如何交配？它们个体小，颜色美丽，许多种类求偶时十分巧妙，致使不少国家将它们划为良好观赏鱼类。交配时，有的种类，雄鱼以漂亮的着装在雌鱼面前游来游去，往返献媚。有的种类，雌性鼓励雄性大胆接近自己，而有的种类，雌性则十分胆怯，雄鱼不但要表现坚决、果敢，还要有一定的追求技巧，否则雌鱼不会越雷池一步。有人在水族箱中观察到，其交配过程大致是：雄鱼将臀鳍向左或者向右，曲成圆形，这时臀鳍的尖端即向前并向上翘起，然后向雌鱼突进，只见以鳍条的末端突起插入雌鱼的生殖孔，这样接触一次或两次，时间只是一刹那，雄鱼乘突进之势，就从雌鱼旁边通过了。

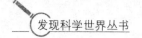
鱼类的"金嗓子"

　　一般人总认为鱼类是沉默寡语的，其实所有的鱼类不仅都能发音，而且还不乏"金嗓子"。

　　人们爱吃的黄花鱼就有一副"金嗓子"，能唱出"哗啦""咯咯""哥罗"等3种不同音符，常因它的"歌喉"招致灭顶之灾，渔民们根据黄花鱼的特殊嗓音、音量大小、"旋律"的优美程度，可判断鱼群的数量和游动方向，从而把它们一网打尽。犬舌鱼，一种分布在中国沿海的鱼类，它的歌喉清脆多变，有时像蛙叫，有时像竖琴声，有时则像铃铛，不愧为鱼类中的"口技天才"。还有海鸡，又名鲂鱼，会仿效雄鸡啼鸣；鼓鱼会发出似鼓声的音响。若能把各类"金嗓子"聚集在一起，真可以组成一支鱼类的"交响乐团"。

　　鱼能发声的秘密在于鱼鳔。当鱼鳔被肌肉压迫收缩时，鳔中便放出气泡，于是形成音响。通常能传到人类耳朵的并不是鱼类全部声音，许多时候当鱼类在表演它们的"歌技"时，由于水的阻隔，人类并没有欣赏到。如果有机会将所有鱼类美妙的歌声收集起来，举办一台鱼类"音乐会"，那一定会让人大饱耳福。

海洋动物中也有"大夫"

海洋动物也会生病。如果它们得了病，到哪里去医治呢？请别担心，海洋中设有"医疗站""医疗队"，还有许多不辞辛劳、手到病除的"医生"。

热带海域的"医疗站"：有一种叫作彼得松岩的清洁虾，常在鱼类聚集或经常来往的海底珊瑚中间，找到适当的洞穴，办起"医疗站"，全心全意地为海洋动物免费医病。开始，彼得松岩虾在洞口，舞动起头前一对比身体长得多的触须，前后摇摆着身体，以招徕"病员"。从这儿游过的鱼，要是想看病，就游到"医疗站"去。这时清洁虾爬到鱼的身上，像医生一样先察看病情，接着用锐利的"钳"把鱼身上的寄生虫一条条拖出去，然后再清理受伤的部位，有时，为了治疗病鱼的口腔疾病，还得钻进鱼儿的嘴巴里，在一颗颗锋利的牙齿之间穿来穿去，剔除牙缝中的食物残渣。当检查到鱼的鳃盖附近的时候，鱼儿会依次张开两边的鳃盖让"医生"去捉拿寄生虫。对于鱼身上任何部位的腐烂组织，清洁虾决不留情，会"动手术"彻底切除。"登门求医"的鱼很多，包括一些凶猛的鱼，一旦有病，也会跑来"求医"。有时病鱼依次等候，有时你追我赶、争先恐后地围在"医生"周围。热心服务的"医生们"有时也会因为过分操劳而暂停"门诊"，退回洞里休息。在热带海域里，鱼儿的好医生——清洁虾，人们已经知道的就有6种，如猬虾、黄背猬虾等。

温带海域的"医疗队"：温带海域的清洁虾与热带的清洁虾不同，它们不设立固定的"医疗站"，而是组成流动的"医疗队"，到处"巡回义诊"，由于它们的外表色彩平淡，貌不惊人，很难引起陌生的生物的注意。因此，它们一旦遇上需要治病的鱼虾"病号"，就毛遂自荐，迎面而上。它们治病细心、熟练，手术干净利落，对不同的患者都是一视同仁，深受"病号"们的欢迎。就此，一传十，十传百……，它们的名声就越来越大，求医者也就蜂拥而来，其"业务"随之兴旺发达。

"卫生所"里的"鱼医生"：海洋中除了清洁虾"医生们"之外，已知道的还有"鱼医生"50多种。这些清洁鱼"医生们"对海洋生物的保健工作起着非常重要的作用。一条清洁鱼6小时中可以医治300条病鱼。

别看这些高明"医生们"的外表色彩平淡，貌不惊人，为了容易被"病员"识辨，及免于被凶狠生物捕食，它们都有特殊的标志：其外形、色彩和体态，都很容易被找到，同时也受到特殊的保护。

清洁虾或鱼等为什么会自愿担当起海洋动物的医疗保健工作呢，从生态学角度理解，这就是生物界的一种互惠现象，即称"清洁性共生"。病鱼需要去除身上的寄生虫、霉菌和积累的污垢，而清洁虾或鱼却由此获得食物，彼此互惠。

有人做过调查，许多出名的渔场，都是许多清洁鱼虾设立大量"医疗站"的海区。科学家认为，研究海洋清洁性生物，将在保护鱼类资源方面做出更大贡献。

鱼类为什么能在水中兴旺发达

　　"海阔凭鱼跃，天高任鸟飞"。天空是鸟的领地，水是鱼的世界，为什么在浩瀚大海、广阔的湖泊，鱼类能独领风骚，兴旺繁殖？因为大自然赋予了它们在水中生活的本领。

　　由于水中的各种环境条件的影响，鱼的外形有各种各样。但活得最好、数量最多的鱼类，体形是纺锤形。呈流线的纺锤形，可大大减少水中游动时的阻力，良好的体形外表常常有一层滑溜溜的液体，那是鱼类皮肤分泌的黏液，这种黏液均匀地涂抹在鱼鳞上，使流线型外表如同上了润滑剂，减少了运动时鱼体与水的摩擦，鱼的躯干上长着多个鳍，这是鱼的运动器官，有成对的胸鳍、腹鳍，也有不成对的背鳍、臀鳍和尾鳍，这些鳍结合肌肉的收缩，不断划动，就像是鱼体上安上一台推进机，推动鱼体不断前进。每个鱼鳍各有分工，胸鳍、腹鳍分管鱼体平衡和改变运动的方向，尾鳍、臀鳍和背鳍则控制运动方向，不让鱼体左右摇摆。水下世界不是太平的世界，时而狂风乍起，波浪滔天；时而升温降温，冷暖不定；时而还有他种类群的"偷袭""劫道"。对这些，鱼类自有应付的本能。在鱼的躯体两侧，分布着一种特殊的感觉器官，感觉器通过鳞片上的小孔与外界相通，许多鳞片小孔沿着感觉器在鱼体两侧分布，排列成一线，这条由鳞片孔排列组成的线，叫侧线，通过这条侧线，鱼类能感觉水流的方向、水的波动、水温的高低和水中的声波。一旦有风吹"水"动，侧线马上通知鱼体，鱼类马上做好应急准备。

大自然给予鱼类"18 般武艺"，难怪鱼类能遍布全球几乎所有水域，并发展壮大自己的队伍，使鱼类成为脊椎动物中种数最多的一个大家族。

鱼的"特异功能"

鱼的"眼睛" 鱼类的一对眼睛是典型的近视眼，它们还有另外的"眼睛"——侧线。鱼的侧线生长在体侧的鳞片上，称为侧线鳞，两侧各有一条。侧线鳞上面有小孔，这些小孔把外界信息通过与其相连的感觉器官传至脑神经，从而使鱼能"看"到外界的一切。

鱼的耳朵 人们总以为鱼没有耳朵，其实鱼类的两只耳朵没有长在体外，而是长在头骨内，由小块状的石灰质耳石、淋巴液和感觉细胞组成。外界的声音引起淋巴液发生振动，刺激耳石和感觉细胞，经过神经系统传递到脑中，鱼就听到这个声音了。鱼的耳朵还有维持身体平衡的作用。当身体不平衡时，淋巴液和耳石会压迫感觉细胞，并马上报告大脑，使鱼及时保持平衡。

鱼的鼻子 鱼类的鼻子是进行定向和觅食的重要器官。当水从前鼻孔进入盲囊，再从后鼻孔流出时，盲囊中的嗅觉细胞就会把捕捉到的信息送到中枢神经系统进行贮存。大多数鱼类就是凭借鼻子对水体气息的感觉和分析进行定向，从而完成"出巢"和"回巢"行动的。实验表明，不少鱼类可以从数公里甚至数十公里外游回原来占据的"巢穴"，靠的就是灵敏的鼻子。

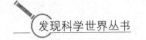

鸟的世界

耐人寻味的鸟语

鸟类悠扬悦耳的鸣叫令人们大饱耳福，然而鸟类家族成员中也并不全都是天生一副好歌喉的音乐家。例如麻雀的叫声就远不及黄鹂那么婉转动听；而乌鸦的鸣叫在老树枯枝、秋风暮色中更给人一种恐惧感。

布谷鸟叫，声声悦耳，充满乐感，且更准确地发布了"报春"的信息；寒号鸟则是在凛冽寒风中发出一种哀鸣。自然界中，还有不少鸟儿身怀绝技，简直就是名副其实的配音演员。当一种名叫柳雷鸟的雄鸟不同寻常地发出狗叫声时候，这表明它正处在春天发情期间；乐观的人笑口常开，可谁曾想到森林中的大角柴和林鸮以及海鸟中的黑头海鸥（又叫笑海鸥）也会惟妙惟肖地发出人类的大笑声来；田鹬（又叫沙锥）在空中飞行不停地抖动尾羽时所发出的声音如同羔羊的啼叫；蚁䴕（地啄木、蛇皮鸟）每当遇到敌对攻击时，往往会应急地做出一种自卫姿态，摇头晃脑地张开嘴，发出蛇一般的咝咝声，对敢于来犯的敌人很有威慑力。甚至整天待在树洞里的蚁䴕幼鸟在受到惊吓时，也会像蛇那样咝咝作响。可见，它们这种抵御外敌入侵的本领是与生俱来的。

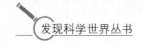

鸟类的保护色

　　大自然在赋予鸟类非凡的活动能力的同时，也并没有忘记给予它一些保护自身免受凶猛动物攻击的色彩。

　　鸟类的保护色在总体上虽说不如昆虫、鱼类、哺乳动物等，但习惯于在地上筑巢垒窝的鸟类却拥有较强的保护色，这是因陆地上的活动比空中更容易受到敌对攻击。当雌性丘鹬、山鹑、百灵静卧巢穴中孵卵的时候，它们的身体色彩往往与周围的环境色彩能融合得非常和谐，而不易为外界所察觉。即使是地鹬那样体形巨大的鸟类也莫不如此。母鸟之所以能稳坐巢中孵化小宝宝，全在于自身的保护色给了它们足够的自信心和安全感。

　　一般地说，保护色和鸟的活动能力与活动方式密切相关。凤头麦鸡、金鸻、山鹑的幼雏在得到雌鸟发出的危险信号时，往往会本能地匍匐在地而不露声色，从而化险为夷，此时此刻，或许触摸到它们的身体比用肉眼发现它们来得更容易些。

　　像鸮（俗称猫头鹰）和夜鹰这样夜间捕食活动而昼伏山林的鸟类，保护色对于它们安全地度过一个又一个漫长的白昼来说，显得尤为重要。夜鹰深棕色的羽毛使得它栖息在林地或树枝上，很难被发

现，甚至当你走到几乎可以摸到它的距离，它仍不会飞走。

大麻鸦在沼泽中表现出对生活环境所具有的良好适应性，它们既从芦苇和席草丛中觅食，又用芦苇席草盖房筑巢。一旦遇到险情，大麻鸦就会舒展身体、引颈仰天，把自己那具有天然保护色的身姿融合在席草丛中，隐蔽得天衣无缝，即使是近在咫尺也全然不知其身体所在。因此，可以说大麻鸦是动物世界里身体保护色和保护形体最佳结合的经典之作。

不会飞的鸟

世界上最大的鸟类是非洲鸵鸟，但鸵鸟是一种不会飞的鸟。

鸵鸟不会飞主要是因为它太大，而且它的翅膀又极度退化，小得与它的身体的其他部位极不相称。成鸟高达2—3米，从它的嘴尖到尾尖长度有2米，雄鸵鸟体重可达150千克。这么重的身体，靠它那对长着几根羽毛的翅膀是飞不起来的。鸵鸟虽不会飞，但跑得非常快，也是世界上现存鸟类中唯一的二趾鸟类。

不会飞的鸟还有企鹅。企鹅的翅膀已转化成一种特殊的鳍脚。因为生活环境的影响，企鹅的翅膀已不再是飞行的工具，而是企鹅在水中游动时的"双桨"了。

在新西兰还栖居着一种人们不大熟悉的鸟，这种鸟叫几维，也叫无翼鸟，它的翅膀几乎完全退化，没有任何运动功能，几维无翼，自然也是一种不会飞的鸟了。

"倒行逆施"的蜂鸟

要说是鸟却不会飞，这会令人奇怪，但要讲能飞的鸟类中，还有会倒着飞的，那就更稀罕了，蜂鸟就是这种专门"倒行逆施"的飞鸟。

蜂鸟是世界上最小的鸟类，身体只比蜜蜂大一些，它的双翅展开仅3.5厘米，因此，蜂鸟只能和昆虫一样，用极快的速度振动双翅才能在空中飞行，双翅振动的速度达每秒50次。蜂鸟不仅能倒退飞行，还能静止地"停"在空中，当它"停"在空中时，它用自己的细嘴吸取花中的汁液或是啄食昆虫，这时在它身体两侧闪动着白色云烟状的光环，并发出特殊的嗡嗡声，这是蜂鸟在不停地拍着它的双翅而产生的光环和声响，蜂鸟的嘴细长，羽毛鲜艳，当它在花卉之间飞舞时，像是跳动着的一只小彩球，非常好看。

所有鸟类都有一个共同的特点，就是新陈代谢非常快，而这种微小的蜂鸟表现得更突出。它的正常体温是43度，心跳每分钟达615次。每昼夜消耗的食物重量比它的体重还多一倍。蜂鸟大约有300多种，绝大多数都生活在中美洲和南美洲。

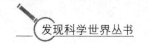

有趣的鸟类居室

　　像人类要盖房子安居一样，鸟类的居室其实就是它的窝巢。盖什么样的房子，用什么建筑材料构建居室，以及把房子建在什么地方，百鸟百态，十分有趣。

　　燕子称得上是大师级的能工巧匠。它以巧夺天工的泥塑工艺来建"房"，那一嘴接一嘴衔来的一小团一小团的泥土和黏土，是用燕子口中产出的天然黏合剂——唾液来黏结成型的。半球形的是家燕的栖息空间；毛脚燕的"居室"上部封闭不见天日，出入经过侧门；金丝燕盖"房"用料考究，它口衔嘴叼，用自身的唾液混合海藻筑巢。一种名叫格伐杰玛的雨燕用植物的纤维和唾液筑巢，由于选用了质轻而又极具韧性的建筑材料，因此这种"房子"可以高高地悬挂在细小的树枝上。攀雀的巢也都悬挂在细长的树枝上，它是用植物的茸毛建造的，质地更柔软更轻巧，看上去攀雀的居室更像是羊毛毡子制成的曲颈瓶。住在这样的房子里，它们便成了"瓶中鸟"，而不是通常所说的"笼中鸟"了。

　　惊鸟、啄木鸟、鸮和山雀都是在树洞里安家建房的。它们当中，只有啄木鸟是靠自己的辛勤劳动，用嘴啄出树洞来，其余的鸟都是不劳而获地利用啄木鸟用过的旧树洞或天然形成的树洞，这样它们就只能一辈子都住旧房子了。

翠鸟（又叫鱼狗）和灰沙燕专门选择在陡峭的河岸上凿洞挖穴，它们在不辞辛劳挖掘出来的狭长洞穴的尽端，拓展出一个较大的空间。翠鸟是吃鱼的鸟类，它甚至也选用鱼骨和鳞片作为室内装修材料——翠鸟的巢里铺满了鳞片和鱼骨。

雕、鹰和鸢是一些性情凶猛的禽类，别看它们体形硕大，盖的"房子"也很宽敞亮堂，但工程质量却很糟糕。它们的巢是用粗细不等、长短不齐的树枝搭起来的，看上去就像是人们盖楼房搭起的脚手架一样，既简陋又很粗糙。与之形成鲜明对照的是，在俄罗斯有一种极普通的鸟燕雀，却精心设计、精心施工，建造了极为精致的居室，它们精选建材——将地衣、青苔和榆树皮由表及里地编织成了精美绝伦的房子，这种鸟巢伪装得就好像生长着地衣的树干和树枝。

值得一提的是非洲厦鸟，单从名字里的一个"厦"字就可以看出它们的建筑天赋。厦鸟结成群体共同建造一个伞形的公共棚屋，然后再在同一个屋顶下，成双结对的鸟又各自盖自己的小屋——挂巢，这种集体宿舍楼似的鸟巢（公共棚屋）外形像一口大钟，而各自独立的挂巢又像是钟摆，风儿吹来，似乎还会发出金属的声响呢！

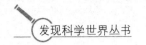

鸟窝掏鱼

　　曾有一位研究鸟类的科学家，为了研究鸟的生活习性，爬上一棵高大的松树，当他将手伸进松树上那个巨大的鸟巢时，出乎意外的事情发生了。摸到的不是卵和雏鸟，而掏出的竟是一条肥大的狗鱼。科学家大惑不解。其实，这并不是狗鱼把窝筑到松树上去了，而是它一不留神就成了鱼鹰的"战利品"。原来，鱼鹰这种猛禽专捕食鱼类，当它在水面上空飞行时，锐利的目光却在高效率地工作，一旦发现目标就俯冲击水，爪到擒来。

　　鱼鹰除了爪长趾尖外，爪掌下面所覆盖着的一层结节，能确保光滑的鱼身不会从它的掌中脱落。

　　那位科学家从鸟窝里逮到的鱼，恐怕是一份重量级的"战利品"。鱼鹰还没来得及饱餐一顿，那鲜活的狗鱼转眼工夫又成了科学家的囊中之物了。

鸟中"清道夫"——秃鹫

在广阔的非洲大草原上，大群的食草动物不论走到那里，都尾随着一些垂涎欲滴的动物。在这些觊觎者中，秃鹫随时可见，它们紧追目标，不停地在兽群上空盘旋。突然，其中一只秃鹫发现一具尸体，它在空中盘旋几圈后，准确地落在尸体旁边，刹那间，二三十只秃鹫相继降落，于是，尸体被撕裂，内脏被吞食，肌肉被成条地撕下。

在南美安第斯山脉，安第斯神鹰正遨游碧空、俯视丘陵，期望能遇到一只死羊以饱饥肠。从外表看，安第斯神鹰跟非洲草原上的秃鹫非常相似：头和脖子都只生着短短的绒羽，仿佛是裸露的。但是，鸟类学家指出，它们并无共同的祖先，也没有亲缘关系。非洲草原上的秃鹫是旧大陆鹫的后裔，是鹰的近亲。而安第斯神鹰是新大陆鹫。

大约在2000万年前，旧大陆鹫曾驻足美洲新大陆。后来，由于某种目前尚未确知的原因，它们彻底从新大陆上消失了。随着旧大陆鹫的消失，新大陆鹫的祖先兴起了，成了新大陆上以尸体、腐肉为食的鸟类。据研究新大陆鹫的祖先在生存历史上较旧大陆鹫还要久远，它们是单独进化的一类鹰鹫类鸟。跟旧大陆鹫不同，新大陆鹫的鼻孔是相通的，有些种类有根发达的嗅觉器官；新大陆鹫的爪很细弱，不像旧大陆鹫有雕一样强劲的利爪。另外，新大陆鹫的鸣管很不发达，因而近乎"哑巴"。

现存的新大陆鹫只有7种，因为它们全部分布在美洲，所以又称美洲鹫，安第斯神鹰就是其中之一。这种鹫体羽黑色，雄鹫前额有一个大肉垂，裸露的颈基部有一圈白色的羽翎，裸露的头、颈和嗉囊都呈鲜红色，因它们主要栖息在安第斯山脉中温尼佐拉至苔拉德福格的高山上，又因它们展翼达3米，体重达12千克，被认为是可飞行的最大的一种鸟，所以，人们称它们为"安第斯神鹰"。

安第斯神鹰善于翱翔，能借助山间的上升气流升高，并悄无声息地飞越沟壑大川。它们可以以任何动物的尸体为食，尤其爱吃牛羊的尸体。跟许多旧大陆鹫不同，安第斯神鹰很少聚成几十只的大群一起进食。安第斯神鹰十分贪食，不吃完尸体，是绝不会离去的。安第斯神鹰常常在吃食后飞到高高的悬崖上久"坐"，因为它们吃得太多太饱。不过，它们的消化系统肌肉发达，消化力强，即使所食过多也能顺利消化。目前，因为得到了严格的法律保护，安第斯神鹰在安第斯山区和南美太平洋沿岸比较常见。

旧大陆鹫大约有13种，广泛分布于非洲、亚洲和欧洲，肉垂秃鹫就是其中一种。肉垂秃鹫是生活在非洲荒漠草原上的一种数量非常多的大型旧大陆鹫，它体长约1米，展翼可达2.7米，它因裸露的头部两侧悬垂着粉色肉垂而得名。

肉垂秃鹫背部羽毛黑色和褐色间杂，尾楔型，腹部长有大量白色绒羽，使它们看上去像一个领系餐巾、衣衫不整的嬉皮士。说起它们的行为，人们常用两个字形容——"贪婪"。原来，肉垂秃鹫非常霸道，不论是不是它们先发现的尸体，在争斗中它们总是占上风。如果其他秃鹫不肯让出尸体，它们就会用武力驱赶。肉垂秃鹫取食时也有严格的顺序，总是个体大、身体强的秃鹫先进食。进食时，它们原来粉红色的脸和颈因兴奋会渐渐变成红色，极度兴奋时甚至可以变成紫红色。可笑的是，霸道的肉垂秃鹫在鬣狗来夺食时，却不敢出声地乖乖退到一旁，等待着吃一点"残羹剩饭"。

在我国生活的最著名的鹫是胡兀鹫，即人们常说的胡子雕。它的头颈不像其他秃鹫，而是生满羽毛。它的眼前方、眼前上方、鼻子基部及颏和下颌相连的地方都长着黑色刚毛，看上去像长着一脸"络腮胡须"，胡子雕的绰号由此而来。跟其他秃鹫相比，胡兀鹫不仅食尸体腐肉，还捕食活物，特别是山羊。它们也捕食野兔、野鸡和旱獭等。它们不但吃肉，还嗜食骨头。它们能咬碎羊骨，并能把咬不动的骨头叼上天空，然后一松嘴，让骨头掉在岩石上摔碎后再食用。据说，胡兀鹫能用同样的方法将捕到的龟摔碎吃掉。在非洲，胡兀鹫还会叼起石头砸碎鸵鸟蛋吃，这种本能令动物行为学家大为吃惊。

在人们的印象中，秃鹫似乎只吃肉，不论鲜肉还是腐肉，孰不知，生活在中非和西非的一种旧大陆鹫——棕榈鹫却主要以棕榈果实为食。不过，它的外表倒是跟大多数秃鹫相似，它头部裸露，裸露的部分只生有橘黄色的绒羽，同它的黄色的钩状嘴十分协调。

过去人们对秃鹫的功过褒贬不一。以前，很多人认为秃鹫常食腐尸，跟肉体接触，很可能是传播疾病的媒介，因而主张捕杀。动物学家后来发现，事实并不如此。首先，它们的消化系统能有效地杀死吃进去的细菌。其次，它们在吃完食后，常吐出一种黏液状物质涂刷双脚。这种分泌物是一种有效的消毒剂，能杀死脚爪上的细菌。第三，秃鹫的头颈裸露，有利于它们把头伸入尸体体腔，掏食内脏。它们吃完食后，喜欢在阳光下晒。由于头颈没有羽毛的遮拦，在阳光中紫外线的强烈照射下，沾在头颈上的细菌和寄生虫卵就被杀死。实际上，秃鹫吃掉死动物的尸体，不仅没有传播疾病，还能减少动物疾病的传播。如果没有这些起净化作用的鸟类，自然界将会是怎样一种情景呢？

打肿脸充胖子

在弱肉强食的动物世界，充满着血腥的厮杀。于是，一些身单力薄的动物，便在进化的道路上练就了一套虚张声势的保命术，人们形象地把它叫做"打肿脸充胖子"。

有一种蛙叫鸡蛙，身长20厘米左右，据说可吞食小鸡，因而得名。这种蛙平时用后腿蹲着，一旦受到大动物的威胁，便鼓起肚皮，撅起屁股，用四肢把身体支撑起来。这样一来，它的个子就变得与来犯者不相上下了，完全可以与之打斗一番。南美洲有一种蛙，遇到危险时能使肺部充满空气，一下子变得腰圆膀粗，然后张大嘴巴向敌人步步紧逼。

澳大利亚褶领蜥不愧为虚张声势的行家里手。这种蜥蜴体长1米左右，颈部有一圈皮领，上面覆盖着鳞片，由软骨支持着。在争斗时它会把褶领展开，刹那间脖子周围仿佛张开了一把伞，使个子好像增大了一倍。此时，再加上它那张牙舞爪的样子，使对手不免害怕起来。平时，颈部的这圈皮领可以像伞那样折叠起来。动物学家们认为，这一奇特的皮领可能还有帮助吸收声波、散热和吸热等作用。

最有趣的虚张声势者，莫过于卡克瓦拉蜥了。这种无毒的小蜥蜴在受到威胁时，会给自己"打气"：用空气使身体胀大两倍，显出一副很强大的样子。万一对方真要发动攻击，这种小蜥蜴会"先下手为强"，在对方采取行动之前，马上钻进石头缝里，再把身体胀大。这样一来，别的动物就只能干瞪眼了——无论怎么拉它也拉不出来。其实，只要用尖棍刺穿小蜥蜴的皮肤，这个倒霉的家伙立刻就变得像泄了气的皮球，从而轻而易举地被拽出来。

在美国加利福尼亚州、得克萨斯州和墨西哥的沙漠地区，一种丑陋不堪的小动物成了深受孩子们喜爱的宠物。它的外貌有点像蟾蜍，头部和身上又长着许多角刺，所以人们就称它"角蟾"。其实，这是一种蜥蜴，因而又称"角蜥"。

角蜥是一种弱小的动物，它逃避敌害的方法十分奇特。在生死存亡的紧急关头，它会大量吸气，把肚皮鼓得很大，使身上一根根角刺都竖立起来；有时还从眼睛里喷射出血一样的液体，射程长达一两米，把敌害吓得惊惶失措，夺路而逃。角蜥那"气壮如牛"、"血眼喷人"的模样，看来十分可怕，实际上只不过是虚张声势，借以吓唬一下对方罢了。

在海洋中也有这样的动物。刺鲀是一种奇怪的鱼，浑身上下长着坚硬的棘刺，活像一只陆地上的小刺猬。平时，这些棘刺就像其他鱼类身上的鳞片，平贴在身上，滑溜溜的，不容易被察觉。一旦大敌当前，刺鲀会张大嘴巴，把海水和空气大口大口地吞下肚去，使身体变得圆鼓鼓的，棘刺也随着膨胀的皮肤立即竖立起来，就像一只带刺的大皮球。"球"内充满了空气和水，它便肚皮朝天，漂浮在水面上，还不时从嘴里发出"咕咕"声。

这种恐吓战术虽然无损于敌害的一根毫毛，却能有效地用于防身。那些凶猛的海洋动物，如双髻鲨等，遇到了虚张声势的刺鲀，即使馋涎欲滴，也无计可施，最后只得悻悻地游走。警报解除以后，刺鲀就把吞进去的海水和空气吐出来，恢复自己的本来面目，棘刺倒伏，紧贴身上。随后，它慢慢地沉向海底。

动物为什么采用"打肿脸充胖子"的战术呢？这是因为，在动物界，个子的大小往往表示体力的强弱。在一般情况下，动物的躯体越大，就显得越神气，也就越容易把对手吓倒。

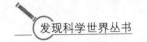
"孵卵器"的发明者——营冢鸟

　　营冢鸟是另一种鸡形目鸟，它跟南美麝雉一样富有传奇色彩。

　　有关它们的传奇，是由一位参加过麦哲伦1519—1522年环球航行的探险家安东尼奥·皮加费塔最早提起的。据安东尼奥说，他在南方的岛屿上发现了一种"鸡"，产的卵比母鸡身体还大。这种鸡把卵埋在腐烂的树叶堆里孵化，自己则不孵卵。当时，人们把安东尼奥的话视为无稽之谈，不予理会。几百年后，一些欧洲移民迁往澳大利亚沿海定居。他们发现当地有许多大树叶堆，起初，这些移民还以为那是当地土著居民的孩子做游戏时堆起来的堡垒，还有人认为那是土著居民死后的坟墓。1840年，博物学家约翰·吉尔贝特第一次扒开了一个大树叶堆，他惊奇地发现"墓冢"里埋的竟是鸟卵。从此以后，人们才相信安东尼奥所言确有其事。后来，大家把这种营造大树叶堆的"鸡"称为营冢鸟。不过，安东尼奥的说法也确有它不真实的一面，那就是营冢鸟的卵并不像他说的那么大，而只有185克重，相当于母鸟体重的12%。当然，相对于鸡蛋来说，这些卵大多了，因为营冢鸟的外形和大小跟家鸡差不多，而鸡蛋的重量只有50—60克，相当于母鸡体重的4%。

营冢鸟总共有12种，均产于澳大利亚、新几内亚、东南亚菲律宾群岛、萨摩亚群岛等地的丛林地带。在分类学上，鸟类学家把它们划入鸡形目冢雉科。营冢鸟很多有趣的行为已渐渐为人们所认识。人们目前知道得最多的，是产于澳大利亚南部的眼斑冢雉，也就是安东尼奥最早提起的那种营冢鸟。

眼斑冢雉生活在丛林之中，体长65厘米，羽毛呈浅褐色，有许多白斑。它们的脖子很长，且光秃无毛。雄鸟的脸呈火红色，颔下的肉垂呈鲜黄色。每年进入繁殖季节的时候，丛林间便出现了雄眼斑冢雉忙碌的身影。它们用大爪子不停地在地面上挖掘，最后挖出一个大坑，坑深1米，坑口直径达4.5米。然后，它们又在周围收集来大量的干树叶、干草等，堆积到大坑里。大坑填满后，它们还要继续堆积，直到高出地面1.2米，堆的直径达3—4米，才算大功告成，树叶堆建成之后，下一步就是等待老天降雨了。待树叶堆被雨水淋湿以后，雄眼斑冢雉又开始往上堆积沙土。沙土层可厚达0.5米。读到这里，您可能要问，雄眼斑冢雉为什么要这样大兴土木，建造这么庞大的树叶堆呢？跟安东尼奥说的一样，包括眼斑冢雉在内的所有营冢鸟都不像其他鸟那样用自己的体温孵化幼雏。大部分营冢鸟是依靠树叶堆里的树叶腐烂发酵产生的热量来孵卵，如眼斑冢雉；还有些营冢鸟甚至可以利用阳光的热量或火山活动产生的热量来孵卵。

雄眼斑冢雉的"伟大工程"初步完成后，树叶开始腐烂，当发酵产生的热量使堆内温度达到33.3℃时，它便在堆顶建造一个卵室。直到这些步骤全部完成，雌鸟才被允许登上大树叶堆顶，在卵室内产下一枚卵。产卵后，雌鸟必须马上离开，由雄鸟将卵安置好。就这样，每隔2—3天，雌鸟产下一枚卵，总共可产35个。奇怪的是，雄鸟总是把卵的尖头朝下竖着把卵放好，跟其他鸟卵平放的方式不同。这是为什么呢？经过研究，鸟类学家们发现，所有营冢鸟卵内都有一个活动的气室，如果它们的卵是平放的，气室就会移到胚胎上方。随着发育，气室会越变越大，压迫胚胎。因此，营冢鸟总是把卵竖着摆放在卵室内。这样，就跟其他鸟类一样，气室总是在卵的钝头了。

随着树叶发酵，热量越积越多，卵室温度也随之升高。如果温度有过高的趋势，雄眼斑冢雉赶忙将沙土扒开，使热量散发出去。渐渐地，卵室内温度变低，雄眼斑冢雉又赶忙把沙土堆在树叶堆上。就这样，雄眼斑冢雉一次次把沙土扒开，又一次次堆上，夜以继日地忙碌，不断调整树叶堆的温度，使堆顶的卵室温度总保持在33.3℃。观察记录表明，雄眼斑冢雉单单堆积一个大树叶堆就要花费4个月的工夫，调整室温，负责孵化，还要忙上7个月。因此，雄眼斑冢雉毕生从事的"事业"恐怕就是建树叶堆和孵卵。那些树叶堆真可以说是它们的"家墓"了。

那么，雄眼斑冢雉又是怎样精确地感知卵室内温度变化的呢？鸟类学家经过仔细的观察发现，雄眼斑冢雉每天都要检查卵室内部的温度，在检查时，它迅速地在沙土层挖开一个洞，将头和上半身钻入洞内。如果温度稍有变化，它立即采取行动。因而，人们推测，雄眼斑冢雉的颈部皮肤等部位是非常灵敏的热探测器。鸟类学家吉尔贝曾经巧妙地将一个电热器放在大树叶堆里，隔一段时间加热一次。这个树叶堆的"主人"因此上下奔忙，时而扒开沙土，时而堆上，为保持卵室温度恒定费尽了心机，那情景令人惊叹不已。经过7周的孵化后，眼斑冢雉雏开始破壳而出。令人惊奇的是，这些雏鸟不仅要啄破蛋壳，而且还要从卵室开始挖洞，出生几个小时后才能见到卵室外陌

生的世界。独立的生活也许从此就开始了，因为它们的"父母"对它们一点儿也不关心，视它们如路人。当然，雏鸟也可能不再需要双亲，因为它们出世不久，就可以笨拙地低飞，有时甚至能飞到矮树枝上休息。雄眼斑冢雉雏鸟一年后就可发育成熟，也能自己建造大树叶堆了。这种习性纯粹出于本能，因为它们从来没有向任何雄鸟学习过。在柏林动物园饲养的小雄眼斑冢雉开始试着造树叶堆时，到处寻找树叶。工作人员清晨不得不给它们送来成车的树叶。到了黄昏时分，小雄眼斑冢雉就已经把这些树叶搬到一个角落堆了起来，然后又等着新的树叶运来。这种本能使得饲养员们也跟着受累，但他们也感到颇有乐趣。人尚且如此，对小小的眼斑冢雉来说劳动量之大就可想而知了。难怪有些听了营冢鸟故事的人感叹地说："真幸运，我没生在营冢鸟王国里！"

身背"七弦琴"的鸟——琴鸟

1798年2月，有几位探险者像着了魔似的在澳大利亚新南威尔士山区搜寻一种传说中的美丽的鸟——山区雉。他们不知翻过多少山头，穿越多少密林，终于，一位探险者捕获了一只美丽而不知名的鸟。这只鸟全身羽饰金黄，像披着一件丝绸锦衣。它的尾羽非常发达，最外侧的两根长达0.6米，并缀有白斑和美丽的V字型赭斑，其余14根尾羽，在每根长长的羽轴两侧生着细丝状的羽片。这种鸟大小似公鸡，脚十分强壮。因此，探险者们认为它就是他们要找的山区雉。

这一发现引起不小的轰动，科学家们开始研究这种鸟。研究后发现，这种鸟的外形很像雉类，如体形大小相近，腿粗壮，有发达的脚趾和长而直的爪，但是它们身体的内部结构不同。这种鸟有一个原始的鸣管和一条较长的胸骨，说明这种鸟更像是鸣禽。但是，这种鸟锁骨退化，而且尾羽共16根，这又跟鸣禽不同。因此，鸟类学家们认为，所谓的山区雉是一种很独特的鸟，跟鸡形目的雉类毫无关系。最后，经过反复争论，暂时把这种鸟归入雀形目，独立形成一个科。这种鸟羽饰华丽，炫耀时尾羽展开，很像七弦琴。因此，鸟类学家把它

定名为琴鸟，它所属的科叫琴鸟科。

目前，人们只发现了两种琴鸟，除华丽琴鸟外，还有一种叫艾伯氏琴鸟。据说，后一种琴鸟是以英国维多利亚女王的丈夫——艾伯特亲王的名字命名的。从外形上看，艾伯氏琴鸟没有华丽琴鸟一样的尾羽，所以有些名不副实，但它们身体下半部同样有丝质的美丽羽饰。实际上，这两种琴鸟的雌鸟外形都不如雄鸟美丽，它们羽色暗淡。所以，澳大利亚在把琴鸟定为国鸟后，政府出版物的封面、出口商品的包装上和邮票图案上都印有雄性琴鸟的图案。这种珍禽生活在澳大利亚，对这个国家来说是一项殊荣。不过，在历史上曾有一个时期，人们大量收集琴鸟的尾羽作装饰，使为数众多的雄琴鸟丧生。直到1930年，澳大利亚政府才颁布法律，明令禁止人们大肆捕杀琴鸟。

自从琴鸟被人发现以来，很多人对它们的行为作了深入的观察，同时出现大量报道。在这些报道中，最出奇的要算是雄琴鸟的发声本领。琴鸟的鸣叫声十分复杂，而它模仿声音的本领更是令人不可思议，它简直是一名出色的拟音师。雄琴鸟几乎可以模拟任何它听到的感兴趣的声音，如密林中其他鸟的叫声、人的高喊声、工厂的噪声、鹦鹉飞行时的扇翅声，甚至汽车的喇叭声。在阴雾天，密林中的琴鸟鸣叫欲望特别强烈，这时它们的鸣叫声在人听来异常刺耳。即使在茂密的森林中，这种鸣叫声也可传出1千米远。

琴鸟的另一个令人惊奇的习性是雄鸟在繁殖季节会建造土丘。有些琴鸟甚至会在方圆一平方千米的林间地上建造十几个相似的土丘，它们用这些土丘来标记它们的领域，警告其他琴鸟不要侵入。每年，人们可以在澳大利亚东部到南部绵延1600多千米的密林深处，发现不计其数的琴鸟土丘，不知详情的人见状会大吃一惊。在建造完土丘以后，雄琴鸟便开始独具特色的炫耀表演。它们一般只在清晨或黄昏才登台献技。表演从开始到结束都很讲究仪式。雄琴鸟从密林中缓缓走近土丘，它先环顾四周，然后飞上一个旧树桩或较矮的树干，它站在树上亮开嗓门高声大叫，仿佛是在招待观众。这种鸣叫短则几分钟，长则十几分钟。然后琴鸟飞下树干，缓步登上土丘顶部。它在土丘上选好位置，摆好姿势，接着便开始一串洪亮的鸣啭，如同一名歌手在纵情歌唱。唱到忘情之际，它的尾羽逐渐张开并向上竖起，最外侧两条尾羽形成七弦琴臂的U形，细长的其他尾羽也像弦状竖起。而后，尾羽继续向前倾斜，直到两条最外侧的尾羽跟身体方向几乎成直角。这时，纤细的其他尾羽全部打开，在身体前面形成一层纱帘，遮住琴鸟的头和全身。这时炫耀达到高潮，鸣叫声更加洪亮，银光闪闪的尾羽帘在头前左右摇摆，把土丘顶部扫刷得干干净净，同时发出"沙沙"声。有时，表演中的琴鸟还会跳跃或原地转圈，发出颤声鸣叫。这时，如果雌琴鸟光临，便会达到交配的目的。当鸣叫声中有一声极高的尖声，就说明炫耀表演即将结束了。随后，琴鸟的鸣叫声越来越小，尾慢慢合拢。当尾羽全部合拢并于身后时，表演全部结束。随着两声低沉的鸣叫，雄琴鸟走下土丘。

　　琴鸟是"一夫多妻"的。在一个繁殖季节里，一只雄琴鸟要多次表演，分别同被招来的若干只雌鸟交配。支配之后，雌琴鸟单独到选好的巢址建一个大型的圆顶巢，巢侧留有供进出用的洞口，有些巢建在大村的浓密枝杈间，而大部分巢建在地面树干和岩石之间。雌琴鸟在巢中产一枚鸡蛋大小圆壳、灰紫色的卵。雌鸟单独孵卵，6个星期后，幼雏就出壳了。这时，雌鸟忙碌地外出采食，单独喂雏。雏鸟渐渐长大，有些巢因为太小，在幼雏出巢时会把巢的圆顶顶开。离巢后，幼鸟还要发育两年才能完全成熟。雄性幼鸟在2岁以前跟雌鸟相似，在2岁以后才长出华丽的尾羽和羽饰。

很多年以来，澳大利亚的鸟类学家对国鸟图案上描绘的琴鸟尾部姿态提出质疑，因为这些展开的尾羽太像七弦琴了。鸟类学家认为，野生琴鸟的尾羽展开的形状都是不标准的七弦琴形，国鸟图案上的姿态是非常少见的，但人们都认为，选定这种姿态是非常合适的，因为这充分表现国鸟的华贵和珍奇。

极乐鸟和园丁鸟

    1522年，西班牙"维多利亚号"船长艾尔·卡诺率领他的船队从摩鹿加群岛（位于马来群岛中，现属印度尼西亚）返回西班牙，他此行获得很大的成功。卡诺船长运回大批香料，还给国王带回5张美丽绝伦的鸟皮。当他把这美丽的礼物献给国王时，朝臣们个个看得目瞪口呆。这种鸟实在是太美了。一时间，人们纷纷传说，卡诺船长带回来的是来自天堂里的鸟。

    这5张鸟皮不是卡诺船长自己捕捉制作的，而是他从摩鹿加土著人手中用钱买来的。当然，这种鸟不可能来自实际上并不存在的天堂。直到1824年，自然科学家里内·李森在新几内亚的热带森林中亲手采集到"来自天堂里的鸟"的标本，这时人们才知道这种鸟是新几内亚热带丛林中一种很常见的鸟。不过，由于欧洲人自16世纪以来一直把这种鸟称作 birds of paradise （意思是"天堂里的鸟"），因此这个名字一直沿用至今。为了简明起见，我国鸟类学家把这种鸟叫做极乐鸟，这是因为人们认为天堂是极乐世界。

    自从卡诺把第一批五张极乐鸟皮带回西班牙后，欧洲的贵族把这些鸟皮视为珍宝。在极乐鸟的产地被发现后，大批商人纷纷涌入，从

土人手中收购极乐鸟。一时间，极乐鸟交易红火起来，大批极乐鸟标本被源源不断地运往欧洲。在极乐鸟交易最繁盛时，新几内亚每年出口的极乐鸟标本达5万只。鸟类学家因此能深入地研究各种极乐鸟的标本。到1938年，科学家共发现43种不同的极乐鸟。极乐鸟的羽饰与众不同，尤其是雄极乐鸟。各种极乐鸟的体色不同，它们的羽衣都艳如绸缎。典型的极乐鸟是大极乐鸟，这种鸟的胸腹部羽毛是闪烁着辉光的古铜色，中央尾羽像金丝，两肋的羽毛像金纱。它两肋的羽毛能向前竖起，盖在背上，遮住翅膀。

极乐鸟身披美丽的羽饰主要是为了在繁殖季节里炫耀。它们体形像圆球或三角形，有的甚至像绽开的花朵。每当繁殖季节来临，雄极乐鸟就选出一片林间空地，定期在空地上进行炫耀表演。表演时，它们先蓬起浑身的羽毛，然后，便在原地跳跃。跳到忘情时，它们还会像芭蕾舞演员一样，以一只脚为轴做大幅度的旋转动作。极乐鸟的长相非常漂亮，可叫声却不太美妙。它们的叫声非常单调，有的像风啸声，有的像口哨声。不过，极乐鸟能模仿多种声音，有木柴燃烧爆裂时发出的"哔啪"声，有猫的"咪咪"叫声、牛的"嗥嗥"叫声、冲锋号声、小号声、鼓掌声、唑唑声、敲门声，甚至射击声。但在炫耀表演时，极乐鸟并不常鸣叫。极乐鸟在旋转时，常常突然张开嘴，显示它们嘴内部的翠绿色。极乐鸟炫耀表演时对色彩的运用，简直到了登峰造极的地步。跟其他鸟一样，极乐鸟炫耀的目的主要是吸引雌鸟。有些极乐鸟每天不吃不喝地"表演"10个小时以上，真是辛苦异常。不过，这些表演是间歇性的，每表演一次后，雄极乐鸟都要绕着自己的领域巡视一圈，以防其他同性的入侵。当然，雄极乐鸟对雌鸟是来者不拒的，因为它们是"一夫多妻"制。雄极乐鸟可以不断地炫耀，不断地跟前来的雌鸟交配。雌鸟一旦被雄鸟吸引，就会马上跑向前去，不像大多数鸟类那样进行一番仔细的确认。这也许是由于各种极乐鸟的羽饰特征非常明显，雌极乐鸟很快就能认出自己的同类，因此确认时间极短。

交配之后，雌极乐鸟单独寻找巢址，用藤条、树枝、草棍等建造一个杯形巢，然后产卵并单独孵化和育雏。说出来你也许会大吃一惊，美丽的极乐鸟跟乌鸦有亲缘关系。当然，跟极乐鸟亲缘关系更近的是分布在大洋洲的园丁鸟。雄性园丁鸟在繁殖期羽饰也非常美丽。每当繁殖季节来临，雄园丁鸟静悄悄地在林中穿梭，选择地形。最终，它会选择一片通风透光、食物水源比较丰富、幽静的林间空地。地点选好之后，雄园丁鸟开始紧张的清理工作，它们用嘴把空地上的杂草等甩到一旁，最后清出一块约一平方米大小的地皮，随后它们就在这片空地上修建庭院。它们衔来一根根20—30厘米长的树枝，并将树枝一一插在清出的地面的两侧，构成两道密密实实的篱笆，中间形成一个过道。在过道尽头向阳的地方，雄园丁鸟开始修建跳舞场。它先在场地上铺满细枝和嫩草，然后到各处搜集鲜艳夺目的物品，并将它们带回，陈列在跳舞场上。雄园丁鸟喜欢搜集带暗蓝色和黄绿色的装饰品，如蓝色和黄色的鲜花，蓝色浆果和当地鹦鹉彩色的羽毛。有人推测，园丁鸟对这些颜色的偏爱，可能跟它们自身羽毛的颜色有密切关系。雄园丁鸟的羽毛呈蓝紫色，而雌鸟长有黄绿色的羽毛。雄园丁鸟每天要叼走已经枯萎的花朵和浆果，换上新鲜的、水淋淋的鲜艳花果，而且它们不时地往跳舞场内添加更多的装饰物。更有意思的是，雄园丁鸟尤其喜欢到住家附近搜寻那些被扔掉的彩色玻璃球或玻璃碎片、彩色绒线以及金属制品等。于是，有人把一些事先编好号码

的蓝玻璃块放在园丁鸟经常光临的地方，不久发现，这些玻璃块都被搬进园丁鸟的庭院。事后，在核查这些玻璃块的编号时，意外地发现，这些雄园丁鸟竟会互相偷取它们邻居的装饰物。

舞场装饰好后，雄园丁鸟开始不停地在舞场内跳舞，它们尽力展示自己鲜艳的羽饰和美妙的歌喉。居住在森林深处的雌园丁鸟终于被这喧闹声吸引，静悄悄地飞出来，落在枝头观看"表演"。这时，雄园丁鸟兴奋异常，它们除了更起劲地歌唱舞蹈外，还不断地叼起好不容易积蓄起来的各种漂亮的装饰品，举过头顶，给雌园丁鸟欣赏。雄鸟的这些炫耀如果能感动雌鸟，它就从树上落到跳舞场内，跟雄鸟交配。但是，尽管雄鸟费尽心机把雌园丁鸟招来成亲，它们在一起生活的时间却极短，一旦交配结束，雌雄鸟就马上分手。雌园丁鸟单独另选适宜的地点筑巢、孵卵和育雏，有时雌鸟的巢离它交配的跳舞场只几百米远。雌鸟离开后，雄鸟仍然每天守卫和装饰苦心经营的庭院，想招引新的配偶。这跟极乐鸟的做法有些相似，只不过表现形式不同罢了。

目前，鸟类学家们对极乐鸟的研究仍在继续，特别是针对大量的极乐鸟被捕杀制成装饰品出售，给极乐鸟造成极大的危害，展开了大规模的宣传活动。如今，极乐鸟作为一种美丽的珍禽，在它们的产地已受到严格保护，这些美丽的极乐鸟将给大自然增添光彩。

鸟中女王

    春风吹走了严寒的冬天，给大地带来生机，鸟类在昨天还过着集体生活，今日却分散到隐蔽的角落，开始了它们繁殖期的生活。绝大多数种类是实行一夫一妻制，它们在为繁衍自己的后代而彼此各尽其职。有的种类如同家鸡一样，实行一夫多妻制，像环颈雉、白鹇、针尾鸭、绿头鸭等等。有一种叫黄脚三趾鹑的鸟，它们执行的是一妻多夫制，妻子统治着它的丈夫们，这种关系在鸟类中是不多见的。我们把这种鸟的雌性成鸟称为"鸟中女王"。

    黄脚三趾鹑的上体几乎全是黑褐色和栗黄色相杂，胸部两侧和胸部有许多黑褐色圆点，这几种颜色正好与它们所栖息环境的色调相吻合，在野外如果不注意是难以发现的。平日，姐妹们和睦相处，一起在灌丛、草原处觅食；春、秋两季，并肩携手迁飞在东北、河北、山东、长江中下游及云南、福建、广东、广西间。它们很胆小，常在草丛中隐匿行走。5月上旬，它们开始寻找配偶，雌鸟主动追求雄鸟，在雄鸟面前作出各种炫耀姿态，尽力讨得欢欣，以求中选。雌鸟间的友好关系开始破裂，为了争夺雄鸟，它们演出一场场"抢新郎"的闹剧，原有的温顺和羞涩已不复存在，变得异常暴躁好斗，两只雌鸟相遇，不容分说就厮杀起来，只斗得皮肉流血，羽毛受损，直至交战一方认输败北后，方才鸣金收兵。获胜的雌鸟虽也受伤，但终究是以胜利者的姿态出现，你看它，挺胸昂首，带领着它的一群"丈夫"，欢度"蜜月"去了。在同一个环境内，它们设置了几个"卧室"，"卧室"布置得很简朴，就选择地面上的凹处，内里铺垫些枯草、叶片、稻草或麦秆等物。雌鸟可以在附近的几个巢内产卵，卵呈梨形，为灰色，上面有褐黄色细点。产卵完毕，雌鸟便摆出"女王"的姿态，命令她的"丈夫"们去孵化，自己轻闲自得地到各处游玩去了。雄鸟无条件地遵照命令，老老实实趴在窝内达12天之久。雏鸟诞生了，睁着大眼睛"啊、啊"地要吃的，勤劳的雄鸟不辞辛苦地独自四处寻找食物，哺育着它们的子女。10天过去了，雏鸟已长成幼鸟，要独立生活了，雄鸟带着它们练习如何觅食和躲避敌害。1个月后幼鸟完全独立生活，它才算圆满地完成使命，只等下次组建新的"家庭"。

　　黄脚三趾鹑的脚上只有三个趾，因此而得名。论个体，黄脚三趾鹑不大，体长约150毫米，比鹌鹑还小些。就这样一种很不惹人注意的小鸟，在鸟类分类系统上，竟与美丽的丹顶鹤和地鵏有着亲缘关系，均属于鹤形目鸟类。

孔雀开屏

　　提起孔雀，大家也许会联想起傣族的孔雀舞：舞姿优美，动作细腻，颇像一只只孔雀在林中跳跃。傣族人居住的云南省西双版纳州，是绿孔雀的家园。

　　游人去动物园，总想看看孔雀开屏，否则就觉得有些扫兴。孔雀开屏是雄孔雀求偶的一种表示，很难碰到。不了解真相的人，常把孔雀的尾屏误认为就是它的尾羽，其实不然。大家对公鸡都很熟悉，公鸡尾部的长羽毛是它的尾羽，而在它腰部后面的短羽毛，则称之为尾上覆羽。所有鸟类几乎均如此，唯独孔雀一反常态，尾上覆羽特别长，一般在1米左右，形成尾屏，真正的尾羽，却隐于尾屏之下，往往被人们所忽视。春末夏初，是饲养在动物园里的雄孔雀大显英姿的时候。你看它，把尾屏高高地举起展开，支撑在翘起的尾羽上，形如一把大扇子。铜绿色疏散的羽支，散落在每根羽轴的两侧，每根羽毛的端处，有一个眼状斑，眼状斑由暗紫、蓝绿、铜色、暗褐、浅黄和浅葡萄红色等多种颜色组成。孔雀不停地走来走去，并用力抖动着尾屏，发出"唰、唰"响声，五光十色的眼状斑，在阳光的照射下，反射出耀眼夺目的光辉，非常好看。

　　孔雀的栖息地，多为海拔2000米以下开阔的稀树草原，生长着灌丛、竹林或针、阔叶树木的开阔高原地带，尤其喜欢在靠近溪河岸边和林中空旷的地方活动，常3—5只在一起。它不善飞行，遇到危险时，则利用那强健的双脚急速逃走，霎时隐蔽在密林之中。清晨和黄昏是它们成群觅食的时候；中午天气炎热，躲进丛林中休息；晚上过夜有固定场所，如不被惊动，不轻易更换。雄孔雀要选择一棵可以放置尾屏的大树上休息。

　　孔雀巢很简陋，在浓密的灌丛或草丛中，用爪在地上刨成一个凹形，内垫些杂草和落叶等物。雌孔雀每隔1—2日产卵1枚，每窝5—6枚，卵为浅乳白、棕色或乳黄色。由雌孔雀独自承担孵卵，孵化期约4周。幼雏出壳时，全身长有黄褐色绒毛。在人工饲养条件下，每年可产卵6—40枚，雌幼雏经20—24个月的饲养，便能产卵繁殖，而雄性幼孔雀要长出漂亮的尾屏来，则需要两年半的时间。

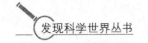

松鸡和它们的婚礼仪式

早春，北美大草原上冰雪消融，万物复苏。随着天气转暖，艾松鸡也活跃起来。春季是它们的繁殖季节。

对雄艾松鸡来说，这是狂欢的季节。它们个个换上婚装：红褐色的羽毛点缀着白色斑点，颈部生出浓密洁白的羽翎，颌下的喉囊也染上了淡淡的蓝色。晨曦微露，衣冠楚楚的"小伙子"们纷纷来到空地上集结，它们要干什么？原来，这是它们的"舞场"，它们要做公开表演，以翩翩的舞姿吸引异性。

纷乱的鸡群渐渐散开，它们排成整齐的圆圈，每只雄鸡占据一小片领地。只见它们个个抬头展翅，尾羽竖起并像扇子一样张开；它们大口大口地吞气，渐渐地，胸前一对喉囊鼓胀起来。突然，鸡群里发出"砰！砰！"声，再看那些喉囊纷纷瘪了下来。喉囊爆炸了吗？不，这是雄鸡为了显示自己，收缩胸肌，把喉囊里的气喷出时发出的声音。据说这是在警告对手不要侵犯它。一次"爆炸"之后，它们又抬头吞气，使喉囊再次鼓胀起来。然后，它们闭上眼睛，把嘴放在鼓起的喉囊上，那样子像个大腹便便的绅士在闭目养神。而后，它们突然抬头，又发出一声"砰！"的爆响。邻近的对手也不甘示弱，立即以

"砰！砰！"声反击。雄鸡间领土界限分明，寸土必争。如果一只雄鸡觊觎它人的领土，受到挑战的领地主人就会大张尾羽，展开双翅，迎上前去奋起反击，将来犯者赶出领地。最终，雄艾松鸡们各自确立了自己的领地范围，强壮的雄鸡的领土自然大一些。

太阳升起来了，雌艾松鸡成群结队地出现在"舞场"附近。"小伙子"们兴奋起来，喉囊涨得更大，双翅展得更开，叫声更加兴奋。有些雄艾松鸡还双腿微屈，头颈朝地，高高抬起尾部，那是它们在向雌艾松鸡们展示自己矛枪似的、带白色横斑的尾羽。这是一场"公平的竞赛"，体格健壮，表演出色的雄鸡自然会受到众多雌鸡的垂青。有时在一个"公共表演区"内会同时聚集60—70只雌艾松鸡。这场"竞赛"的结果是根据雄艾松鸡吸引的雌艾松鸡的多少来评判的，越强壮、领土范围越大的雄艾松鸡吸引的雌艾松鸡也越多。有人看到过，一只雄艾松鸡在一个早晨吸引了35只雌鸡！当时，这只强壮的雄鸡走到"公共表演区"中心地带，同那些雌鸡一一交配，而其他雄鸡连一只雌鸡也没吸引到。

艾松鸡为什么要采取这种方式进行繁殖呢？鸟类学家普遍认为，这至少有两点优越性：第一，保证了强壮的雄艾松鸡有最多的后代，使整个艾松鸡的群体的遗传素质保持优良；第二，艾松鸡的生活地区内，只在雨季有较丰富的食物，因此，要尽可能保证大多数幼雏在食物丰富时出生。而众多的雄艾松鸡在一起炫耀求偶对雌艾松鸡是一种强烈的刺激，在这种气氛下，雌艾松鸡的受精率大大提高。而且由于绝大多数艾松鸡同时受孕，使整个群体的产卵孵化时间基本同步，也就保证了尽可能多的幼雏在食物丰富的季节出生，大大提高了幼雏的成活率。雄艾松鸡每年"集体婚礼"开始的时间随天气的变化会有提前或推迟，但绝大部分幼雏都会在雨季出生。那么，艾松鸡是怎样根据对雨季到来时间的预测来调整求偶、交配日期的呢？至今仍无令人满意的答案。

艾松鸡在分类学上属于松鸡科，它的同类中有很多在繁殖季节有独特的求偶行为，披肩鸡就是其中一种。披肩鸡生活在松林中，它们的"婚礼仪式"跟艾松鸡的不同。每当春天来临，雄披肩鸡都各自在丛林中活动。它们站在岩石或树墩上，突然，它们直立起身子，尾羽张开像一把平铺在地面上打开的折扇，同时双翅展开并快速扇动。起初，披肩鸡扇动翅膀的频率不很快，但渐渐地它们开始加速，一直达到每秒钟扇动20次，这时，在它的胸前，由于翅膀的快速扇动而形成一个低压区，空气急速流进这一小片低压区，发出"轰轰"声。它每次接连振翅30秒左右，然后休息3—10分钟后，再次振翅。它振翅发出的隆隆声能传出很远，每次"表演"间歇时，它都要环顾四周，盼望着能有一只美丽的雌鸟循声前来幽会。一旦雌鸡出现，雄鸡便迎上前去，更加起劲地扇翅。如果雌鸡中意，雄鸡就停止表演同"意中人"配对。不过，有时闻声而来的也许是另一只雄鸡，那么表演者会怒不可遏，继而攻击这不知趣者。有人曾用一只镜子来试验雄鸡的反应。结果，这只受刺激的雄鸡居然毫不犹豫地攻击起镜子里自己的镜像来。

披肩鸡的拉丁名也跟它们的求偶行为有关，它们的学名翻译出来就是"雨伞状的野牛"。其中"雨伞状的"，是指披肩鸡在求偶表演时，颈部和肩部羽毛呈雨伞状张开，而"野牛"则源于它们扇翅时发出的野牛吼叫般声音。

在北美印第安人的神话传说中，有一个神通广大的鸟形精灵。由于它的存在，给人带来大地的滋润，草木的繁茂。它一张嘴就能发出一道闪电，一扇翅膀就会发出隆隆雷声。这种神鸟的原型是不是披肩鸡呢？众说纷纭，有人认为它不是披肩鸡，而是披肩鸡的近亲——雷鸟。

雷鸟是广泛分布在北极附近的一种鸟，它们跟企鹅一样极端耐寒。雷鸟的脚几乎全部被羽毛所覆盖，只有脚趾露在外面，因而有人称它为"兔脚鸟"。每到繁殖季节，雷鸟成群地聚集在一起，但它们不像艾松鸡那样进行集体表演。它们只在各自占据的领域内，向自己"中意"的特定的雌鸟"表演"。不过，雄鸟并不只靠"表演"技艺吸引雌鸟，在很大程度上还要靠占领一大片"领土"。在一片山坡上，常有很多雄雷鸟占不到"领地"，它们只得四处游荡。鸟类学家曾经做过一个实验：它们把研究区域内所有占有"领土"的雄雷鸟捕捉起来，结果发现，空出的"领土"马上被那些无"领土"的雄雷鸟瓜分了。雷鸟还会随季节的变化更换"服装"。在繁殖季节里，雷鸟的羽衣呈灰色或褐色，同周围环境十分协调，使它们在孵卵时不易被天敌发现；到了秋季，雷鸟生活的山地上，植物逐渐枯萎，灰白的岩石显露出来，这时雷鸟的羽衣也换成了灰色；冬天来临时，冰雪覆盖了大地，雷鸟也换上了雪白的羽衣，它们卧在雪地里时，看上去真像一团雪球。冬季雷鸟脚趾下面还会生出细细的履带式的齿线，使它们能在雪地上轻松行走。冬天雷鸟栖息在雪洞中，这些雪洞是全封闭的，只有一个小洞口，洞外虽然寒风凛冽，洞内却能保持着8℃的气温！

下面，让我们再来看看另一种松鸡——黑琴鸡的"结婚仪式"。

黑琴鸡体重可达2千克，全身羽毛蓝黑色，在阳光下可泛出瓦蓝色的光泽。它的尾羽像七弦琴一样向上弯曲，头顶上长着一团鲜红色的肉冠。每年繁殖季节，黑琴鸡也像艾松鸡一样聚集在一起。不同的是，黑琴鸡更喜欢湿地。在一片小水洼旁，众多的雄黑琴鸡围成一个圆圈，然后，头上肉冠开始胀起，尾羽展开，双腿微曲，抖动着翅膀绕着一群雌黑琴鸡兜圈。十几只雄黑琴鸡头尾相随，不停地跑动，争相向雌黑琴鸡炫耀。雌黑琴鸡目不转睛地注视着从眼前跑过的每一只雄鸡，一旦发现了中意者，它便主动跑上前去表示爱慕之情。就这样，在表演过程中，雄黑琴鸡不时地跟动情的雌黑琴鸡交配。表演完毕，雌黑琴鸡也都受孕离去，热闹的"婚礼"就此宣告结束。

尽管松鸡种类不同，"结婚仪式"也各自有别，但有一点是相同的，就是它们的求爱场所很少更换，特别像艾松鸡和黑琴鸡的"公共表演场"更具传统性。有的鸟类学家曾在一片草地上标记了若干个艾松鸡的"公共表演场"，结果发现，十年之后，雄艾松鸡仍然在这些地点集结。但有些地区，随着荒地被开垦，许多艾松鸡和黑琴鸡的"公共表演场"被破坏，那些精彩的"舞会"场面越来越少见，这不能不引起人类的深思。

"向导鸟"——响蜜䴕

在现代文明社会里，人们主要靠发达的养蜂业来生产所需的蜂蜜。在非洲的一些原始部落里，土人却靠猎取野蜂蜂巢来获得蜂蜜。这种猎蜜活动不知延续了多少世代，反正土人从来不愁没有优质的蜂蜜吃。可是，在茂密的原始森林里，野蜂的蜂巢大多建在高大的树上或中空的树干里，很难被人发现。然而土人每次出猎都必有所获，这不能不令人惊奇。很多到非洲探索或考察的人都对此大惑不解，难道土人有什么特异功能吗？

鸟类学家赫伯特·弗雷德曼首先揭开上述秘密。他在非洲的一些地区考察时，发现土人猎蜜时并不径直到森林里去寻蜂巢。在猎蜜时，猎人们总是先走进林中侧耳倾听。不一会儿，一只小鸟高声鸣叫着飞出密林，在猎人头上盘旋。这是一种叫声刺耳、身色灰绿、体型似燕的鸟。猎蜜的土人一见到它就喜笑颜开。小鸟在猎人头上盘旋一会儿后就"叽、叽"地叫着向密林深处飞去。这时土人快步跟上小鸟。小鸟儿似乎是专门为土人作向导的，它不时停下来，鸣叫着引导土人跟上自己。有时，它会飞到迟疑不前的土人的头顶上转圈，仿佛催促土人赶快上路。就这样，小鸟带土人行走一两千米后，就停止鸣叫，开始在林间无声地飞着小圈。小鸟飞了几圈后落在一棵树上。这时，如果土人没有反应，小鸟就会再飞起来。飞几圈后，小鸟会落到原来那棵树上。最终，土人明白小鸟的意思，他开始在树上搜索。这时，土人常会很快发现一个野蜂蜂巢。蜂蜜就这样被找到了。一个蜂巢中大约有7千克蜂蜜，够土人享用三四天，每当猎蜜结束，土人是不会忘记小鸟向导的，他会把找到的蜂蜜留一些给小鸟以示感谢。

弗雷德曼发现的这种具有非凡向导本领的鸟就是响蜜䴕。事实上，人们很早就知道响蜜䴕的带路本领。不过，在弗雷德曼以前，人们只知道响蜜䴕会给蜜獾带路。蜜獾跟野猪差不多大小，嘴端有很长的吻。它们的腿和爪很强健，在热带森林中专以蜂类为食，响蜜䴕也嗜食蜂蜜、蜂卵等，但它们的嘴很短，爪不发达，不适于在蜂巢中采食。可是，响蜜䴕却非常善于发现蜂巢。每当一只响蜜䴕发现一个蜂巢时。它便发出刺耳的尖叫，同时在林间穿飞。一旦飞行中响蜜䴕发现蜜獾，它就落下去啄蜜獾的头，于是蜜獾开始追赶响蜜䴕。就这样，响蜜䴕把蜜獾引到蜂巢前，它栖在树枝上静观蜜獾捣毁蜂巢。很快，蜜獾喝足了蜂蜜，吃够了蜂卵扬长而去。这时蜂群因家园被毁而四下逃逸，响蜜䴕就飞下树枝来，不慌不忙地享用蜂蜜。因此，响蜜䴕被人称作指路鸟。在英文中，响蜜䴕被称作honey guide，意思是向蜜鸟。

非洲土人可能很早就发现响蜜䴕给蜜獾带路这一秘密，在长期为生存而奋斗的过程中，他们渐渐地加入被响蜜䴕引导的行列。在他们的原始文化中，响蜜䴕是他们崇拜的神。他们对响蜜䴕实行严格的保护。如果有人胆敢杀死一只响蜜䴕，他轻则会被割去双耳，重则会被别人处死。有的部落甚至还按响蜜䴕的行为来卜吉凶。在响蜜䴕受到天敌攻击时，土人们会使出浑身解数以助响蜜䴕一臂之力。据说这是因为土人们认为，如果在响蜜䴕需要帮助时他们袖手旁观，他们会受到神的惩罚。响蜜䴕和土人的这种共生关系听起来如同天方夜谭一样神秘，但这种关系确确实实存在于自然界中。响蜜䴕的另一惊人之处是它们能够享用蜂蜡，这在自然界中是非常少见的。蜂蜡很难被消化，在自然界中几乎没有什么动物可以以它为食。早在16世纪，一位到莫桑比克传教的传教士曾发现，一种小鸟经常飞进他的教堂，啄食蜡台上的蜡烛。鸟类学家认为，这种小鸟就是响蜜䴕。可是，响蜜䴕是怎样消化那些很难消化的蜂蜡的呢？这是鸟类学家们至今仍然没法搞清的问题。

至此，响蜜䴕的"传奇故事"并没结束。鸟类学家在深入研究这种小鸟的行为时，又有了新的发现：响蜜䴕跟杜鹃一样，是一种巢寄生鸟类！不过，杜鹃大部分是靠它们那鹰一样的外表把巢主吓跑，然后趁机在别人的巢中产卵。而响蜜䴕则是静静地等到巢主外出觅食时，才偷偷地钻进别人的巢里去产卵。一般情况下，响蜜䴕喜欢选择它的近亲须䴕、啄木鸟等做它后代的"义亲"。有时它也钻进棕鸟的巢里产卵。响蜜䴕的卵一般比"义亲"的卵早孵化。出壳的响蜜䴕幼雏异常凶狠，它的小嘴上生着一对小钩。待到"义兄""义妹"刚刚破壳而出，它便用嘴上的小钩将它们刺死。当然，"义亲"并不明白自己的儿女缘何而死，它很快就把死尸叼出巢外，反过来更加疼爱小响蜜䴕。小响蜜䴕出生10天左右后，它嘴上的小钩就自行脱落了。在"义亲"的精心喂养下，小响蜜䴕很快成长起来，羽翼丰满之后便离巢而去。有趣的是，新生的响蜜䴕同它父母一样，具有给蜜獾或猎蜜土人做向导的本领，但它们并未经过父辈的训练。这种世代相传的本能是怎样获得的呢？至今还是个谜。

据研究，响蜜䴕主要分布在非洲。它还有其他11种同类，广泛分布在非洲、马来亚及苏里曼丹等地区，但其中有8种没有做"向导"的本领。鸟类学家正对这些有趣的小鸟进行更深入的研究。

"副官"——秃鹳

    秃鹳跟大多数鹳不同，它们不习惯生活在湿地和沼泽。它们生活在较干旱的非洲大草原上。秃鹳常与秃鹫为伍，是一种专食腐肉的鸟。跟腐食性相适应，秃鹳的大嘴粗壮有力，头和颈裸露。在非洲的原野上，一般的动物对狮子都敬而远之，秃鹳却很喜欢随狮群一起活动。这是因为，秃鹳的嘴不像秃鹫那样有锋利的钩子，所以它们难以对付完整动物尸体上的厚皮。它们常常跟在狮群后拾取狮子的剩食，这是秃鹳最省力的取食之道。

    在腐食动物众多的非洲大草原上，秃鹳既无坚牙，亦无利爪，它们凭借什么在生存竞争中立于不败之地呢？鸟类学家们揭开了这个秘密。他们发现，秃鹳虽无坚牙利爪，但身躯高大。在尸体丰富的季节，秃鹳不仅取食狮子留下的残肉剩骨，也经常尾随在秃鹫群之后。当秃鹫用尖利的嘴撕开动物的厚皮露出内脏时，大群的秃鹳便成群结队地走向食性正酣的秃鹫群。此时，秃鹳个个显得神气十足，抬头挺胸，目不斜视，形象一点说，就像古代官吏迈着四方步。就这样，秃鹳大摇大摆地走近秃鹫群。秃鹳一见到腐肉就再也走不动了，它们低下头，专心致志地大吃起来。奇怪的是，秃鹫对此熟视无睹，容忍着秃鹳的"示威活动"。也许是因为吃食的欲望抑制了它们好斗的情绪吧！不过，鸟类学家另有看法，他们认为，秃鹫和秃鹳分别取食腐尸的不同部位，秃鹫喜欢吃内脏，而秃鹳则喜欢吃肌肉。这种口味的差别，免除了两种鸟间为争食而发生的争斗。人们曾形象地称秃鹳为"副官"，以比喻秃鹳走向秃鹫群时的神态。

　　跟白鹳一样，生活在非洲大陆上的秃鹳也喜欢在住家附近造巢。作为一种腐食动物，秃鹳受到人们严格的保护。实际上，亚洲也有秃鹳，但它们跟非洲的秃鹳不同，它们喜爱在湿地边缘活动。当然，亚洲秃鹳和非洲秃鹳一样，都是非常典型的腐食性鸟类。在缅甸，秃鹳并不到住宅附近做巢，它们喜欢把"家"安在悬崖或凸岩上。在这点上，它们是非常与众不同的。

送子鸟——白鹳

　　在欧洲，人们把一种鸟称为送子鸟。相传，送子鸟落到谁家屋顶筑巢，谁家就会喜得贵子，幸福美满。因此，在欧洲乡村，你经常能看到住家的屋顶烟囱上搭着一个平台，那是专为送子鸟准备的。这种神奇的送子鸟就是白鹳。

　　白鹳是广泛分布于欧亚大陆的一种大型涉禽。每年春天，白鹳都从遥远的非洲南部越冬地飞回北方繁殖。它们非常喜欢接近人类居住区，把巢建在居民的屋顶，特别是烟囱口，因为那里温度较高。那么，白鹳建巢跟房舍主人家生育子女又有什么关系呢？严格地说，两者之间并无必然的联系，只不过是在主人家有人怀孕时，烧火取暖的时间比一般人家长，而白鹳较易于选择这家的烟囱口造巢。也就是说，女主人怀孕招来了白鹳，而不是白鹳来给女主人"送子"。但由于这种爱鸟的习俗，白鹳因此受益匪浅。时至今日，欧洲广大地区的居民仍把白鹳作为吉祥之鸟加以保护。

　　白鹳的迁徙和繁殖很有规律。每年，往往是雄鸟从越冬地首先北归。雄鸟"回归故里"后，首先找到去年它们使用过的巢并加以修缮，然后雄鸟静候雌鸟的归来。过去，人们认为白鹳是终生配对，

"白头偕老"，很少更换配偶。但近几十年，科学家发现了很多有趣的现象。有一年，伊恩斯特教授注意到，他所熟悉的一只雄白鹳回归的时间比往年提前了。于是，他开始格外注意这只雄鹳。时间一天天过去了，这只雄白鹳开始显得急躁不安，因为它的"老伴"到现在还没飞回来。雄白鹳天天站在巢边眺望蓝天。一天，一只雌白鹳恰好从此路过，雄白鹳马上兴奋起来，上下嘴急速开合，发出"达达达达……"的声音，以表示对雌鹳的欢迎。

这只雌鹳也许是对它"一见钟情"，马上落进巢里并以啁啾之声表示高兴，取悦雄白鹳。雄白鹳马上接受了这位"第三者"，而且待它如同原配妻子。于是，两只白鹳开始共同修葺旧巢。然而，好景不长，雄白鹳的"老伴"突然飞回了"家"。这下可热闹了，"原配妻子"和"第三者"展开了激烈的争斗，最终还是"原配妻子"占了上风。有趣的是在这场争风吃醋的战斗中，雄白鹳一直持中立态度，若无其事地站在一旁观看。战斗结束，"原配妻子"获胜，"第三者"落荒而逃，这对"老夫老妻"又和好如初，像往年一样修巢、交配、产卵、孵卵，好像什么事情也没发生过一样。这样的事在白鹳中经常发生。如果雄白鹳到达繁殖地后，与它配对的雌白鹳迟迟不来，雄白鹳就很可能跟"捷足先登"的其他白鹳结伴。当然，白鹳中也存在着"忠贞不渝"的事例，曾经有这样一只雌白鹳，它由于翅膀受了伤而不得不长年留在欧洲，而跟它配对的雄白鹳每年都能准确地飞到她的居留地，同她一起度过繁殖季节。

白鹳比较喜欢到巢附近的农田取食，它们啄食小鱼、蛙、昆虫等，有时它们也捕食田鼠，所以一直被人当作农业益鸟。据记载，1849年6月初，苏联基辅至我国吉林省一带发生了蝗灾。这时，大群的白鹳聚集到蝗虫密集的农田附近，它们像一队队围歼顽敌的白衣士兵，每天歼灭大量的蝗虫。到了7月初，蝗灾便被控制住了。类似的事情曾多次发生过，从16世纪开始就有白鹳灭蝗的记载。然而，近一个世纪以来。随着城市的扩展及农药对环境的污染，白鹳的数量大为减少。这种曾给人类带来幸福吉祥的鸟，正在受到人类活动的威胁。

白鹳在我国东北、新疆地区也有繁殖。冬天，在湖北、湖南、福建、广东、台湾和长江下游地区也能见到越冬的白鹳，但数量十分有限。

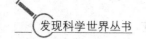

瓦斯报警鸟——金丝雀

"瓦斯"是一种有毒的混合气体，主要含有甲烷和一氧化碳两种气体，常产生在矿井之中，如遇明火，即可燃烧，发生"瓦斯"爆炸，直接威胁着矿工的生命安全。因此，矿井工作对"瓦斯"十分重视，除采取一些必要的安全措施外，有的矿工会提着一个装有金丝雀的鸟笼下到矿井，把鸟笼挂在工作区内。原来，金丝雀对"瓦斯"或其他毒气特别敏感，只要有非常淡薄的"瓦斯"产生，对人体还远不能有致命作用时，金丝雀就已经失去知觉而昏倒。矿工们察觉到达种情景后，可立即撤出矿井，避免伤亡事故的发生。金丝雀还是一名歌手呢！雄鸟的鸣叫尤为动听，如果家里饲养金丝雀，可以使生活具有生气，增添无穷的乐趣，它们还能在笼内产卵育雏呢！

金丝雀原产在大西洋的加那利群岛。由于它生来有一个好喉咙，羽毛清爽洁净，修长的身躯配上略高的双腿，显得很匀称。它的这些特征，得到了人们的喜爱，并逐步把它培养驯化成高雅的家庭观赏鸟，目前已有不少品种，比如在我国山东地区培养的叫做"白玉鸟"；广州的称"佛山白燕"，扬州的名为"芙蓉鸟"；在德国培养出的命名为"萝娜"种。

金丝雀的品种多，羽色的变化也五花八门，有红、黄、白、绿、咖啡及灰褐色等，但以羽毛黄色的最为常见，身体也较为健壮，易于饲养；以白色羽毛，红色眼睛的最为稀少而名贵。雄鸟的歌声清脆嘹亮，悠扬动听，声音似山中流水，富有回音。不仅如此，它还可以效仿山雀、雨燕、黄雀、画眉等鸟的鸣叫声，猛然一听，鱼目混珠，难分真假。要想叫它们在笼内进行繁殖，所需条件很简单。将性成熟了的并且情投意合的一对金丝雀，饲养在一个长方形的笼子里，笼子大小一般为60×30×40厘米，笼内放置一个可做大鸟窝的容器，并放一些旧棉絮。雌雄两鸟放入笼内，逐渐就建立了感情，它们并肩站在一起，相互咬嘴，窃窃私语。不久，雌鸟会叼着棉花填入窝内，并与雄鸟交配，从此吹响了繁殖的号角。每窝产卵4—6枚，卵呈天蓝色，孵卵以雌鸟为主，14—15天雏鸟出壳。平时可以只喂小米等物，但繁殖期时需要加强营养，喂些煮熟的鸡蛋，或把鸡蛋与小米混在一起蒸熟，以便促使雏鸟羽毛和身体的迅速生长。雏鸟发育很快，半个多月便可离巢，雌鸟紧接着又产卵，连续繁殖。正常情况下，一年可繁殖3—5窝。金丝雀很好清洁，笼内要有一个小水盆，除供饮用外，它经常跳入盆内洗浴。青少年朋友们，你们通过金丝雀的繁殖习性，可以发现许多有趣的现象，同时对鸟类会更加热爱。

孵蛋的鸟爸爸

　　生儿育女从来就是妈妈的天经地义的义务，鸟类世界里也莫不如此。但自然王国也的确有"角色反串"的现象。鸟类中的瓣蹼鹬就冒出了"反串为母"孵卵育雏的鸟爸爸。

　　鸟类在孵雏育幼阶段，从来就是雌雄共同承担义务的，只是分工不同而已。通常情况下是母主内，即静卧巢中尽心尽力地孵卵，甚至是忠于职守、废寝忘食；父主外的职责内容包括保安警卫和觅食给养等后勤保障工作。然而，雄性瓣蹼鹬却打破了这一传统分工，稳坐巢中孵蛋育雏了。久而久之，甚至在毛色外观上也"雌性化"了。鸟类一般都是雄性的羽毛亮泽艳丽、光彩照人，而孵卵的雄性瓣蹼鹬的毛色却并不亮丽，反倒是不孵蛋的雌性，毛色由白、灰、红三色交织，美艳多姿，甚至在发情期间，也是雌鸟搔首弄姿向雄鸟大献殷勤。

昆虫家族

兴旺发达的昆虫家族

　　昆虫家族在动物界中是一大家族，已记载的昆虫家族中，包括70多万种家族成员，约占整个动物种数的4/5，广泛分布在地面、土壤、空中、水里以及动植物体内和体表。

　　为什么昆虫家族在动物界能如此兴旺发达？这是由于昆虫具有许多在自然界生存的优势。首先，昆虫的各种器官多种多样，其口器有咀嚼式、咀舔式、刺吸式等；翅膀也是五花八门，其形状、质地、翅脉等式样繁多。其次口器和翅膀的多样化，使昆虫的食物种类、取食方式、繁殖方式各有所长，光是昆虫的食性，就有肉食、植食、腐食、杂食或寄生等，食性广泛带给了昆虫强大的生命力以及繁殖力。昆虫在它们繁殖过程中经历了一系列的变态、蜕皮等环节，使它们的"宝宝"充分发育，平安长大。

　　以上这些优势，使昆虫成为动物界中数量最多、最能广泛地适应环境条件的种类。

昆虫家族的世界之最

新加坡竹节虫是世界上最长的昆虫，其细长的身体长达27厘米，倘若在安静的状态下充分舒展身体的话，身长可超过40厘米。竹节虫所具有的保护形和保护色，使它在灌木丛中栖息时以假乱真。

亚马孙巨天牛和大牙天牛是世界上最大的甲虫。它们身长18厘米。大牙天牛的角（长颚）是专为切割树枝所设计的，当它用锐利的角钩住枝条后就绕着树枝作360°的旋转，直至把树枝锯断为止。

生长在南美洲的大灰夜蛾身长9厘米，展开双翼有27厘米宽，体色为灰色带有深色斑点，它们都是世界上蝶蛾类中最大的昆虫。

从重量来说，世界上最重的昆虫是热带美洲的巨大犀金龟（鞘翅目犀金龟科）。这种犀金龟从头部突起到腹部末端长达155毫米，身体宽100毫米，比一只最大的鹅蛋还大。其重量竟有约100克，相当两个鸡蛋的重量。另外，巴西产的一种天牛（鞘翅目天牛科）体长也有150多毫米。但从体长来说，最长的昆虫是生活在马来半岛的一种竹节虫，其体长有270毫米，比一只铅笔还要长。

世界上最小最轻的昆虫是膜翅目缨小蜂科的一种卵蜂 Alaptus magnonimus Annandale，体长仅0.21毫米，其重量也极其轻微，只有

0.005 毫克。折算一下，20 万只才 1 克，1000 万只才有一个鸡蛋那么重。

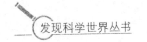
昆虫生活在哪些地方

　　昆虫种类这么多，因此，它们的生活方式与生活场所必然是多种多样的，而且有些昆虫的生活方式和生活本能的表现很有研究价值。可以说，从天涯到海角，从高山到深渊，从赤道到两极，从海洋、河流到沙漠，从草地到森林，从野外到室内，从天空到土壤，到处都有昆虫的身影。不过，要按主要虫态的最适宜的活动场所来区分，大致可分为五类。

　　（1）在空中生活的昆虫：这些昆虫大多是白天活动，成虫期具有发达的翅膀，通常有发达的口器，成虫寿命比较长。如蜜蜂、马蜂、蜻蜓、苍蝇、蚊子、牛虻、蝴蝶等。昆虫在空中活动阶段主要是进行迁移扩散，寻捕食物，婚飞求偶和选择产卵场所。

　　（2）在地表生活的昆虫：这类昆虫无翅，或有翅但已不善飞翔，或只能爬行和跳跃。有些善飞的昆虫，其幼虫期和蛹期也都是在地面生活。一些寄生性昆虫和专以腐败动植物为食的昆虫（包括与人类共同在室内生活的昆虫），也大部分在地表活动。在地表活动的昆虫占所有昆虫种类的绝大多数，因为地面是昆虫食物的所在地和栖息处。这类昆虫常见的有步行虫（放屁虫）、蟑螂等。

（3）在土壤中生活的昆虫：这些昆虫都以植物的根和土壤中的腐殖质为食料。由于它们在土壤中的活动和对植物根的啃食而成为农业、果树和苗木的一大害。这些昆虫最害怕光线，大多数种类的活动与迁移能力都比较差，白天很少钻到地面活动，晚上和阴雨天是它们最适宜的活动时间。这类昆虫常见的有蝼蛄、地老虎（夜蛾的幼虫）、蝉的幼虫等。

（4）在水中生活的昆虫：有的昆虫终生生活在水中，如半翅目的负子蝽、田鳖、龟蝽、划蝽等，鞘翅目的龙虱、水龟虫等。有些昆虫只是幼虫（特称它们为稚虫）生活在水中，如蜻蜓、石蛾、蜉蝣等。水生昆虫的共同特点是：体侧的气门退化，而位于身体两端的气门发达或以特殊的气管鳃代替气门进行呼吸作用；大部分种类有扁平而多毛的游泳足，起划水的作用。

（5）寄生性昆虫：这类昆虫的体型比较小，活动能力比较差，大部分种类的幼虫都没有足或足已不再能行走，眼睛的视力也减弱了。有些寄生性昆虫终生寄生在哺乳动物的体表，依靠吸血为生，如跳蚤、虱子等。有的则寄生在动物体内，如马胃蝇。另一些昆虫寄生在其他昆虫体内，对人类有益，可利用它们来防治害虫，称为生物防治。这些昆虫主要有小蜂、姬蜂、茧蜂、寄蝇等。在寄生性昆虫中，还有一种叫做重寄生的现象。就是当一种寄生蜂或寄生蝇寄生在植食性昆虫身上后，又有另一种寄生性昆虫再寄生于前一种寄生昆虫身上。有些种类还可以进行二重或三重寄生。这些现象对昆虫来说，只是为了生存竞争的一种本能。

有益昆虫有多少

一种生活在森林的红褐林蚁，是保护森林、保持生态平衡的忠实卫士。林蚁的动物性食物中有这样一些蝶蛾类害虫：松夜蛾、松尺蠖、松针毒蛾。据统计，在面积为一公顷的松树林里，只要有几十万只林蚁的蚁群在其中休养生息，就能有效地抑制松毛虫等森林害虫在林地里大量繁殖。

姬蜂与赤眼卵蜂也都属于膜翅目。它们不同之处是后者的体形要比前者小得多。它们"为民除害"的手段都是将卵产在害虫幼虫（如蝶蛾类害虫）的体内，或产卵于害虫的虫卵中（赤眼卵蜂就是如此）。孵化出来的幼虫依靠害虫的虫体（或卵）组织所提供的养分成长起来，即用"寄生"的方式来达到消灭害虫的目的。

步行虫凶狠而勇猛，奔跑的速度极快，尽管步行虫自己是甲虫的一种，但这并不妨碍它们攻击那些危害农业的有害甲虫。它们专门捕食鳞翅目幼虫，是粘虫等害虫的重要天敌。

七星瓢虫也是一种甲虫，俗称"花大姐"。它们专门对付农业害虫——蚜虫。"花大姐"的雅号之所以安在了它们头上，是因为它们的鞘翅上分布着7个斑点。

　　昆虫家族拥有占全部动物4/5的种数，约100万种，队伍庞大，分布广泛，行动变幻多端，要统计出它们中间究竟有多少益虫，确实不易，有益昆虫有多少还是一个谜，随着昆虫自身在不停地变化，人们对昆虫的研究也不断有新发现，这个谜的谜底在不断变化。

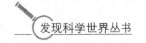

昆虫和花草之间的默契

　　勿忘草蓝色花朵的中间有一个黄色的圈，这个圈是干什么用的呢？这个圈是在向昆虫们暗示：到这儿来采蜜。原来勿忘草花的这个黄圈所在的地方，正是它分泌花蜜的地方的入口，黄色圈使昆虫和勿忘草之间达成了一种默契，勿忘草用黄圈向昆虫示意：照着这个黄圈走吧，肯定会有收获。其实这种默契在许多其他的花虫之间也有。

　　花草的颜色和香味也是一种花草与昆虫达成默契的方法。昆虫从很远的地方就可循着花香去找合作伙伴，花草的颜色引诱昆虫前来合作。合作的对象地点确定之后，便进入实质性阶段：昆虫与花草之间通过食物——花蜜和花粉来完成默契。为了使昆虫容易找到花蜜，花草各自准备好了特殊的"引诱"设备，在分泌花蜜的管道入口处长出与花的其他部位不同的颜色，或是深色，或是浅色，或是长成色斑，这些各式各样的"花蜜指路牌"，指引昆虫达到采集食物的目的地并可以吃到甜滋滋的花蜜和花粉，同时带出一些花粉，为花草们繁衍生息尽心尽力。

昆虫怎样婚配

昆虫进入成虫期，主要的任务就是择偶、交配、产卵、繁衍后代。有些昆虫到达成虫期取食器官已经退化，不再取食，而雌、雄虫的生殖功能则完全成熟，待交配产卵后便随之死亡。也有些昆虫，成虫羽化后还要大量取食才能完成繁殖后代的任务，这些种类往往寿命较长。昆虫的种类不同完成婚配的方式也不相同。通常有以下几种：（1）雄虫成群地飞舞吸引雌虫前来交配，例如蚊子等；（2）雄虫的鸣声吸引雌虫，例如蝉、螽斯、蝗虫等；（3）雌虫的发光器吸引雄虫，例如萤火虫等；（4）雌虫能放出性外激素，以气味来吸引雄虫，例如家蚕蛾等。某些蛾类只要雌虫分泌数量极其微小的性外激素，大约十亿分之一克左右，几千米外的雄虫便闻香而来。

昆虫的交配也是很有趣的现象。摇蚊以及许多种吸血蚊虫在交配时，有群飞的现象，即大量雄虫在空中成群飞舞，雌虫一经碰入舞圈中，即被雄虫抓住交配。

属于鳞翅目昆虫的家蚕，虽然幼虫十分能吃，但成虫从丝茧中羽化出来后就不再吃东西了。此时的成虫精子和卵子完全成熟，雌虫的腹部末端能释放出性外激素，雄虫凭着气味便能找到伴侣进行婚配。

它们的交配成一字型，雄虫和雌虫的腹部末端相接，头向各异。交配与产卵完成之后，成虫便相继死去。

属于直翅目的蝗虫的繁殖方式与家蚕不同，它们经过最后一次蜕皮羽化为成虫，此时的成虫生殖功能尚未成熟，还要靠大量取食进一步发育。成虫性成熟后，活动力增强，常飞集一处寻伐伴侣，故此时往往会发生成虫点片集中的现象，有时还会形成大群体迁飞。雄虫的性成熟通常比雌虫早几天，身体较小但活动力很强。雄虫靠摩擦发声招来雌虫，然后爬到雌虫背上进行交配，雌虫一生可进行多次婚配。

蜻蜓的婚配也很有特色，成双成对地在空中飞行中进行。雄虫的交配器官不在腹部末端，而在第二腹节的腹面。交配时，雄虫用抱握器挟住雌虫的胸部，雌虫则将腹部向前弯曲使生殖孔与雄虫第二腹节的生殖器接合。

螳螂的婚配往往带有"悲剧"的色彩。它们属于肉食性昆虫，在交配中常有特殊取食的行为。当交配活动进入高潮时，雌虫常会突然将雄虫的头部当作食物咬掉。这种"悲剧"的发生，其实有利于雄虫增强性活力，以保证完成授精，繁殖后代。因为去掉了雄虫的头部，客观上也就解除了雄虫的脑对交配中心的抑制作用，从而使性活力增强。

生活在海洋里的隐鱼，经常在海参的排泄腔内自由进出，海参也从不加以阻止。

昆虫寻花的本领

花的颜色是引导昆虫寻花的标志。蜜蜂通过视觉可以在五彩缤纷的大草原中，选择它中意的那些花。蜜蜂的视觉只能辨别4种颜色，它们只能看见黄色、蓝绿色、蓝色和人看不见的紫外线色，凡是能显出以上颜色的花，都是蜜蜂采集的对象。那么，红花怎么办呢？蝴蝶是惟一能辨别红色的昆虫，红花是蝴蝶拜访的对象。还有一些高大植物所盛开的鲜红色的花，就必须靠鸟类来传粉了。

各类昆虫中，蜜蜂无疑是为植物传粉受精的"主力军"，但蜜蜂只能辨别4种颜色，它是否能胜任呢？其实蜜蜂也拜访白花、红花。在人类看起来是白色、红色的花、其实是由多种颜色混合而成的。比如一种人类看起来是红色的罂粟花，它除了红色外，还含人类看不见的紫外线色，蜜蜂虽看不见红色，但它却能辨别紫外线色。白色花实际上是由多种颜色混合之后，反映到人们视觉中为白色，而且白花几乎都能吸收紫外线，同时反射出黄和蓝色，因此，看起来是白色的花，蜜蜂看起来可能是蓝绿色。这样蜜蜂寻花的范围就扩大了很多。

仅仅从颜色来寻花不能保证蜜蜂不犯错误，蜜蜂还必须根据花的形状和气味来辨别各种植物的花朵。帮助蜜蜂判断花的形状和气味的是触觉器官和嗅觉器官，这些器官都长在蜜蜂的触角上。花朵的颜色在很远的地方就吸引着蜜蜂，飞到较近的距离时，蜜蜂就根据气味来作最后的挑选，以便从相似的颜色中认出自己需要的花来。蜜蜂的嗅觉器官和触觉器官都长在它能活动的触角上，所以触角所到之处，在嗅到气味的同时，也触及了花的外形，"测量"到了花的"尺寸"。气味和形状对了，花就不会认错了。

昆虫寻花还要靠它们的味觉器官，即通过口腔中的味觉器官，判别花蜜的滋味，合口味的便是所要寻找的花朵。有趣的是，并不是所有的昆虫的味觉器官都生在口腔里。苍蝇是用腿的尖端来感觉味道，蝴蝶是用脚的尖端来试味。

昆虫寻花的本领可用色、形、味、香等 4 个字来概括，经过对花的颜色、形状，气味、滋味一系列的判别，才能从万花丛中找到自己所需要的花。

昆虫的呼吸方式

昆虫自有独特的呼吸方式。昆虫的体内均有一套网状空气导管系统，该系统纵横交织遍布全身，以至于头部也布满了供气管。

昆虫体内的小气管都是分级连接沟通的。其终末细管与单个细胞相连。在细胞体上，直径不足1微米的微气管分支能延伸至细胞原生质中。这样一来，氧就可以一步到位地输送到目的地。微气管的数量分布与细胞的耗氧量呈正比，像飞行肌那样的大细胞里，纵横交织的微气管网络保障了它十分可观的供氧量。能够独立探测身体的缺氧部位，这是昆虫表皮微气管所特有的功能。直径为1微米的微气管是长度不足1/3毫米的盲管，当其周围的组织耗氧量增大时，微气管便自行扩张，长度可延伸到1毫米左右。微气管的外口开放时间非常短暂，尤其是那些水生昆虫的微气管通常是关闭的，否则，流经昆虫体内的强烈气流就会在极短的时间内将它吹干。昆虫体内的氧是通过皮肤或鳃直接扩散到呼吸道，再由呼吸道的网络遍及全身。

呼吸速度极快的大型陆栖昆虫，它们的腹肌频率高达70—80次/

分钟，而且腹部扁平，有利于排气。当腹肌松弛复原时，空气又吸人体内。它们的呼与吸两个动作采用不同的通道，即用胸部气孔吸气，排气则用腹部气孔。

拟 态

昆虫是自然界生物类群中的一员，这就必然使它与自然界其他生物发生各种各样的关系。模拟是一种动物摹仿另一种动物的形态，使自己长得和它们相似，从而获得保护自己的好处，在日常生活中免遭天敌的侵害。这是不同种的动物，在自然选择上朝着对自身有利的特性发展时结果。

拟态的概念是基于这样的设想：某些种类的昆虫对鸟及其他捕食性天敌来说是令其厌恶的，不可口的或不可食的，且这些种类具有醒目的"警告"色让捕食者识别而避开它们；另一些无害而又很可口的昆虫则采用了类似的花纹以获得保护，因为捕食者误以为它们是不可口的种类而离之而去。不可口的蝴蝶被当作"模型"，而可口的种类则被称为"模拟型"。

很容易想象到，拟态在自然选择过程中不断完善，以至于有些时候它们与模型之间是如此的相似，只有通过仔细检查它们的脉序才能区分开来。越与模型相似的拟态越容易被捕者误认为模型，因而也更容易逃避捕食。相反，拟态程度差的蝴蝶将不被误认为模型，因而更容易受到捕食。在这种压力下，拟态差的个体将逐渐被消灭，仅留下那些与模型很相似的类型。拟态常扩展到行为方面，以至于模拟者采用模型种的习性和飞行行为。任何与模型行为不相符的模拟者都将在自然选择的长期过程中被淘汰。只有一些难于下咽的蝴蝶被捕食以后，其余部分的蝴蝶才能幸免。如果蝴蝶种群含有高比例的可食性模拟者，捕食者就有很大的机会捕食它们，因而就不能很快地识别警戒色，也就失去了应有的保护价值。

拟态通常可分为两类：贝氏拟态：在昆虫的某些科中，有大量不可食的种类充作贝氏拟态的模型。例如，斑蝶科中包括许多难于下咽的种类，因此成为其他科的蝴蝶模拟的经典模型。模型与模拟者必须共存于同一地区，具有相同的栖息地。而且，模型总是应该比模拟者更丰富。这是因为捕食者必须有厌恶的实际经验后才能识别警戒色。换句话说，只有一些难于下咽的昆虫被捕食以后，其余部分的昆虫才能幸免。如果昆虫种群含有高比例的可食性模拟者，捕食者就有很大的机会捕食它们，因而就不能很快地识别警戒色，也就失去了应有的保护价值。在野外并不发生高比例的模拟者。通常模拟者都极少，很难发现，而模型则可能非常丰富。贝氏拟态中最惊人的一个例子是巴布亚产的兔凤蝶（Papilio laglaizei Depuiset）。这个种的模型不是别的蝴蝶，而是白天活动的一种蛾（Alcidis agarthyrsus）。它们从正面看非常相似，只有从反面看才能区分开来。这种蛾腹部腹面呈鲜艳的橘黄色，而任何凤蝶属的种类都无此特征。兔凤蝶则利用后翅臀褶区的相同颜色的斑来达到这一目的，当其休止时这一部分正好盖在腹部上而形成橘黄色现象。

非洲凤蝶（Papilio dardanus Brown）具有雌体多型现象，从而呈

现出多种有趣的贝氏拟态。其雄蝶很易识别，乳黄色的翅上具有黑色的花纹，后翅各具一枚尾突。在某些分布区（埃塞俄比亚、马达加斯加），雌蝶在颜色、花纹及形态方面都与雄蝶非常相似。在其他地区，绝大部分雌蝶后翅无尾突，形态差异悬殊，且大量模拟其他科的不可食种类的形态。已知非洲凤蝶的多型雌体超过100种。贝氏拟态大量出现在凤蝶科中。

缪氏拟态：这个术语用来描述均不可食的不同种具有类似形态的现象。如果发生在同一地区的两种不可食昆虫具有相同的标志或警戒色，那么对两者都有利。很明显只要捕食者误食其中任何一种，即可记住其特有的警戒色而避食这两种昆虫。在一特定地区，在当地所有的捕食种类都记住昆虫的警戒色之前，必然有一些昆虫要成为牺牲品。如果是两种昆虫具有相同的花纹，则每一种失去的个体数大致相等。由捕食选择产生的进化压力将有利于趋同进化，直到它们变得非常相似。当然这个过程将持续很长一个时期。在某些情况下，拟态型开始可能是由于随机变异而产生的，它们能存活下来是因为它们很幸运地类似于其他不可食的种类。没有化石或其他原始型的证据，上述观点是无法证实的。

理解产生模拟花纹的选择过程可以通过仔细观察捕食者如何识别警戒色及花纹中那些特征是关键的这一方法来实现。需要研究的是，捕食者识别的是整个翅面的花纹，还是仅象点、带这样的局部特征，或者是某些颜色的并列。

拟态研究的先驱普尼特指出，即使缪氏拟态中的一种比另一种更丰富，它们仍然从共同的花纹中得到益处，而较稀少的种类则会获得相当大的好处，就像贝氏拟态一样。

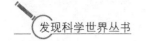

化学防御

有些昆虫当受到惊扰或遇到天敌伤害时，就放出气体或臭味使天敌避开，或者用毒针螫刺天敌。下面就举几个例子。

放屁虫——步甲

步甲（步行虫）在紧急情况下从肛门连续发射炮弹——多种化学物质：过氧化氢、醌、酶等反应产生的高温液态毒液，把强大的敌人轰得屁滚尿流。也许爱玩虫的人们都领教过它的厉害，因而给它起了个绰号，叫放屁虫。

捅马蜂窝的后果

俗话说："捅了马蜂窝，定要挨蜂螫"。马蜂螫人，名不虚传。即使是一些不知名的马蜂，自卫的本能和警惕性也很高，只要侵犯了它们的生存利益，担任警戒任务的马蜂，会立即向你袭来。一旦被一只马蜂螫了，就会很快遭到成群马蜂的围攻。这是因为马蜂螫人时，螫针与报警信息素会同时留在人的皮肤里。人被螫后的最初反应是捅

打，信息素的气味便借助打蜂时的挥舞动作扩散到空气中，其他马蜂闻到这种气味后，即刻处于激怒的骚动状态，并能迅速而有效地组织攻击。通过对马蜂释放的报警信息素的提取化验，已知道其主要成分属于醋酸戊脂，有香蕉油气味。因此，一旦被马蜂蜇后，可用5%的氨水或含碱性物质擦洗，有止痛消肿的作用，这是使酸碱中和的结果。

陕西省石泉县地处秦岭山区，2000年6月28日，该县饶峰镇明星村三组的8岁小女孩和表姐在打猪草时遭到山蜂的攻击，被蜇中太阳穴后昏迷，29日经抢救无效而死亡。这种山蜂为黑头黄腹，属于马蜂。

臭名昭著——蝽象

无论在户外，还是自家阳台上，偶尔会见到有蝽象飞来落下，如果你用手抓住它或触碰它，你的手上就会沾上满手的臭气，经久不散，所以常常遭到人们的厌恶或嫌弃。蝽象因其大多数有臭腺能释放臭气，而被称为"臭蝽"和"臭大姐"，据此，也就"臭"名远扬了。这是一类归属半翅目的昆虫。前翅很特别，基部坚硬如甲虫翅，端部膜状如蜂翅，故名半鞘翅。蝽象大多为陆生，植食性；有些种类水生；还有的是人畜体外寄生虫（如臭虫）。在昆虫王国中，蝽象也算得上是种类众多，门庭若市的一个大类群了。全世界已知38000多种，体态多呈扁平，体色因种而异，有许多种类色彩艳丽，十分漂亮。中国已记录的种类有3100多种。

蝽象有一个特殊的本领。当其安全受到威胁时，便会迅速做出反应，在极短时间内，从尾部喷射出一股股青烟，随着"噼啪"之声，散发出难闻的阵阵臭气，令敌害闻风而退，而自己则从容逃命。这是怎么回事呢？原来它是用自身化学武器进行防身自卫。它的化学武器来自其发达的臭腺，在幼虫期，臭腺的开口位于腹部背板间，到了成虫期，则位于后胸前侧片上。这种臭气的主要成分是对苯二酚和过氧化氢，当这些成分在虫体腔室内经过氧化酶的氧化后，生成苯二酮气体排出体外，这是一个极短的过程，在紧急情况下，像开炮似的连续发射，不仅打退敌物，保护自身安全，而且还是"集合"或"分散"的信号。椿象的这种"臭器"防卫功能，在昆虫中堪称高手。

别具一格的自救方法

1.避重就轻

大蚊为了逃避敌人的危害，可断其肢体而救得性命。大蚊的腿又细又长，非常醒目，抓住或碰到后很容易脱落，而虫体本身并不会受到伤害，却可借机逃走。

蝴蝶的大多数眼斑被认为是起防御作用的"目标区"，能吸引鸟一类的捕食者去捕捉，即使损坏了，仍不会危及蝴蝶的生命，有些还能正常活动。在灰蝶科的许多种类中，眼斑与结构特征相结合而在后翅内角处形成一个"假头"。翅的这一部分常延伸出小尾突。这些蝴蝶在栖息时翅合拢并摩擦引起尾突振动，好像头部的触角在活动。

2.武装部队：兵蚁

每年为害大量木材的兵白蚁防卫本领更为高强。兵白蚁具有一对硬而锐利的大颚，是强有力的护卫武器，同时分泌毒液，涂在敌虫被它上颚咬破的皮肤伤口上、使受伤敌虫一命呜乎。

3.装死逃生

你见过"死"过的虫还能活起来吗？那是虫在装死。如果你到麦田里去，只要稍稍触动一下麦叶，有时甚至还没有碰到麦子，停在叶子上的粘虫幼虫或麦叶蜂，却把身体一卷而滚落到地上去了。如果你到菜田里，菜叶上的甲虫也一样，手还不曾捉到它，它已经滚落到菜心里去了。我们把这些现象都称之为假死性。

难道昆虫果真知道有人要去捉它，赶快装死吗？当然不是，昆虫哪有这样聪明！昆虫的假死性实际上是一种很简单的刺激反应。因为当它们的眼睛或身体上的感觉毛感受到周围环境有些变动，神经就会发出信号，使昆虫的浑身肌肉收缩起来。昆虫肌肉一收缩，原来停在植物上的足就会缩起来，它的身体就再也停不住了，所以就自己滚落了下去。你要不信，可以注意看看，是不是装死的昆虫足都是收得紧紧的，要是真的死了，大多数昆虫的足都是松开的。用这个方法也可以辨别一个虫子是真死还是假死。

假死是昆虫躲避敌害的一种方法。例如鸟要啄食昆虫，可是鸟还不曾飞到虫子身旁，风已经先让昆虫感觉到了。等鸟落下来，虫子已经滚落掉了。

4.惊吓色与警戒色

很多蝴蝶如眼蝶、峡蝶，平时以灰枯色的反面翅出现，很难发现，受到攻击时突然张开双翅，露出大眼斑，吓跑敌人。日本一个昆虫学家据此用画有"大眼睛"的气球放在稻田与果园，鸟类就不再光顾了，他随之而成为著名的"驱鸟专家"。全日本航空公司为解决飞机与鸟相撞的问题向他请教。他在38架客机的发动机风扇叶片转轴上画上"魔眼"，结果事故大大减少。

5.舍尾保身术

衣鱼的尾须有3条，长而分节，其长度比身体还长呢。这3条尾须不但有着触角的功能，也是运动的附属器官。衣鱼在墙壁上爬行时尾须紧贴着墙面，上面的密集短毛就能起到助推和防止下滑的作用。衣鱼为了防止蜘蛛等天敌的捕食，休息时总是不停地摆动着尾梢，诱使天敌将注意力集中到尾梢上来，当尾须被抓住时，分节的尾须即断掉，身体便可趁机逃脱。这可算是舍尾保身术吧。

6.蚜虫也有兵蚜

我们都知道社会性昆虫白蚁有专门分工的兵蚁，却没听说过蚜虫会有兵蚜。不过，在有的蚜虫中还确实有兵蚜存在。日本的亚历山大蚜虫就是其中的一种，其前足和上颚非常发达，形成有力的战斗武器。

7.惊人的抗病能力

在广漠的自然界，寄生物、病原菌无处不在，昆虫又是怎样免遭疾病之害呢？它们自有办法。厚厚的表皮可以阻挡病原物的侵入，体内的吞噬细胞等血细胞可以包被、吞噬、消化病原物，同时体液可以产生很多抗体蛋白酶，消灭异己。能传播多种疾病给人类带来无穷灾患的蚊子、跳蚤虽浑身是菌毒，却能自在地生活。滋生于污秽之中、出没于是非之地的苍蝇身上带有无数"细菌弹"，却安然无恙。科学家研究发现苍蝇具有一种抗菌类蛋白，这是人类迄今所生产的所有抗菌素都无法比拟的。要是人类拥有这种蛋白该多好啊！研究昆虫的各

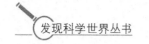

种免疫反应，无疑会促进人类医学的发展，给全世界带来福音。

8.逃跑有术

被发现了还可以逃跑。昆虫的逃跑本领极强，翅膀是它的得力工具。喜爱昆虫的朋友们都深知蜻蜓等昆虫飞翔迅速，抓住它们可得费点劲。打死讨厌的苍蝇也并非易事，因为它们具有灵敏的触角与复眼。蝗虫的跳跃一定给你留下深刻的印象，跳蚤是生物界的绝对跳高冠军了。蜻蜓的幼虫碰到敌人时就缩紧肚子，使劲从肛门排水，身体就像火箭一样，一下可向前冲10厘米，接着又冲，迅速逃跑。

9.人虫之战，旷日持久

人类自古以来就受尽害虫之苦，它们破坏庄稼，传播疾病，咬坏贮藏物，危害牲畜健康，毁坏建筑物。人类同害虫的斗争有着悠久的历史。早在二三千年前的周代，我国就有用"嘉草除盅，莽草熏蠹，焚石除小虫"的记载。东汉王充（27—97年）《论衡·顺鼓篇》中详细介绍了挖沟捕蝗的物理防治方法。贾思勰在《齐民要术》中叙述了种植抗虫品种的农业防治技术。唐昭宗（889—904年）刘恂在《岭南录异》中描写了世界上最早的生物防治方法，即应用自然天敌黄猄蚁防治橘园中的害虫。徐光启在《农政全书》中提出了消灭蝗虫滋生地以根治蝗虫的设想，同时还强调了粮棉轮作防治害虫的重要性。这时的害虫防治思想着眼于害虫发生后的"治"，而不是事先的"防"，使用的手段也相当简单。因此，若遇到害虫大发生时，则显得无能为力。尽管人们一直致力于征服这微小而顽强的敌人，但苦无良策。

直到20世纪40年代，由于化学农药DDT的合成，害虫的防治才进入了一个新的历史时期。DDT以及相继开发出的有机氯、有机磷和氨基甲酸酯类等新型的有机农药如此高效、广谱、便利，以致大多数人认为害虫防治的问题基本解决了。这些农药可杀死多种害虫，挽救粮食、衣物、生命，人们以为从此可以高枕无忧了，可是事与愿违，人们对农药的依赖程度越来越大，几乎村村有治虫队，天天有人背桶喷药，做到"有虫治虫，无虫防虫"，企图干净、彻底地消灭害虫。然而，可悲的是，农药并非万能，随着农药的大量滥用，引起了一系列的环境与社会问题，主要表现为：①天敌生物被杀伤，引起害虫再度猖獗；②害虫对农药产生了抗药性，导致成本增加和环境污染加重的恶性循环；③农副产品中的农药残留量增加，危害人畜健康。这一系列恶果，使人们清楚地认识到单纯依靠化学防治来防治害虫是行不通的，完全消灭害虫也是绝不可能的。于是，人们采用了以农业防治为基础，生物防治与化学防治相协调的害虫综合防治方法，并且取得了很大的成绩。

近年来，害虫防治技术又有了新的进展。如利用遗传工程技术，将抗虫基因导入作物体使作物对害虫产生抗性；或将杀虫剂的抗性基因转移到天敌中去，以改善天敌的基因组成，使其产生抗药性，提高其在田间的控害能力。此外，对人畜副作用小的植源性农药、昆虫生长调节剂、昆虫拒食性、昆虫引诱剂等新一代调控型农药在害虫防治中也发挥着重要作用。如中国科学院动物研究所根据棉铃虫雌虫依靠性外激素吸引雄虫与其交配的特点，人工合成了这种性外激素，将其浸入橡胶芯后放入田间，可将田间的雄虫大量引诱过来，从而达到控制棉铃虫的目的。

迄今为止，任何一种化学药剂使用久了，昆虫均会产生抗性。足见昆虫的防卫能力是在长期的适应进化中形成的，具有极强的生命力。生物防治虽然有利，但见效慢不说，还有许多问题没有解决，难以做到持续控制害虫的目的。旷日持久的人虫之战还远没有结束呢。

啃金属、饮眼泪的昆虫

自然界中的昆虫可以说是"什么都敢吃"，它们中既有食植物嫩叶和花蜜的，也有专食腐尸和牛粪的。

据我国古书记载，在昆虫世界里还有一些啃食金属的虫子。《岭南杂记》中记载了这样一个故事。1684年，清代一个官方银库发现几千两银子不翼而飞了。官员们大为惊恐，以为已被人窃走，便到处追寻踪迹。后来，人们在墙脚下发现一堆闪闪发光的银色粉末，扒开粉堆，里面有个白蚁窝。难道白蚁竟是盗窃犯？有人把它们放在炉内冶炼，居然炼出了银子。把炼出的银子称了一下，9/10的银子已被追了回来。

白蚁啃食金属或许只是个偶然事件，但是确实有一些昆虫，比如蝙蝠蛾，是以啃食金属为生的。20世纪60年代，日本通信架空电线上的铅质金属保护层常常遭到破坏，每年由此造成的通信故障多达二三百次。人们做了一番调查，原来罪魁祸首是蝙蝠蛾的幼虫。这种昆虫的幼虫只有米粒那么大，头部有一对大牙，以啃食铅为生。它们能在10多天时间里，啃穿1.5毫米厚的铅质保护层。如今，在英国、法国、意大利和我国台湾等地，也可发现蝙蝠蛾的踪迹。

更离奇的是，在东南亚一带还有一种专饮动物眼泪的昆虫，这就是善于飞行的嗜泪虫。它们在偷饮眼泪时，常在动物眼睛下方来回飞行，注意对方是否发怒。如果动物没有什么动静，它们便飞到对方眼睛附近，吸取眼泪。较有经验的嗜泪虫，往往专找那些感觉迟钝、脾气温和的动物"下手"。

有些嗜泪虫另有一番"轻功"。它们有一对大翅膀，腿细而长，可以平稳地降落在动物的眼睛部位，不会使对方感到不舒服。还有一些嗜泪虫身上披着盔甲，既能飞又能跳。动物一有动静，它们就会从对方身上跳下来，速度之快令人惊讶。不一会儿，它们会趁对方不注意时卷土重来，迅速跳回原处，继续津津有味地饮泪。

在所有的嗜泪虫中，最出色的要数马阿布飞虫了。它的头部是红色的，身体极小，腹部有两根较长的红毛，闪耀着金属般的光泽。因为身体细小，它们往往不易被发现，因而屡屡得手。为了得到充足的眼泪，这种嗜泪虫常在动物眼睛四周乱叮一气，使对方疼痛难熬，泪水夺眶而出。这时，它们就可以畅怀痛饮了。不过，有时候也会乐极生悲，因为一顿饱餐后行动迟缓，束手被擒，最后一命呜呼。

为什么嗜泪虫能用眼泪维持生命呢？首先，动物的眼泪中含有丰富的水分，特别是在干旱地区的炎热季节，眼泪成了嗜泪虫最理想的水源。也许有人会问：有时嗜泪虫的周围有水池和小河，为什么它们还要冒着生命危险去偷饮眼泪呢？这是因为动物的泪水中含有盐，而盐是昆虫及其他生物生命活动的必需物质。此外，眼泪中还含有蛋白质，这也是嗜泪虫必需的营养物质。这些昆虫的消化能力颇为惊人，有时动物有病的眼睛会产生一些上皮细胞和白细胞，嗜泪虫能把这些物质也一股脑儿消化掉。总之，对于绝大多数嗜泪虫来说，眼泪成了它们营养成分丰富的精美主食。

除了偷饮眼泪外，有时嗜泪虫也会吃动物的唾液、鼻液、皮肤黏液、血液和尿液等，有时还会叮动物的疮疤，极个别的嗜泪虫甚至会直接吮吸哺乳动物身上的体液。旱季来临时，不少嗜泪虫会从饮眼泪变成吃动物的体液。在饥肠辘辘时，它们还会袭击人，吃人的眼泪和血液。

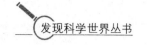
"嗜睡症"的传布者

在非洲的维多利亚湖畔，曾流行过一种奇怪的病——嗜睡症。患者的症状表现为全身发热，整天昏睡不醒，最后极度衰竭而死亡。这种"嗜睡病"流行速度非常快，在非洲的一些村镇曾夺去了数十万人的生命。后来人们研究才发现这种"嗜睡症"的传布者是一种微小的原生动物——锥虫和一种叫舌蝇的昆虫。锥虫长约15—25微米，身体非常小，外形像柳叶，寄生在动物的血液中。它有两个寄主，一个是舌蝇，一个是人。感染上嗜睡病锥虫的舌蝇，通过叮咬人体，锥虫经体表进入人体血液中，锥虫从人的血液中吸取营养而继续长大，当它发育到一定程度时，将沿着人的循环系统侵入脑脊髓，使人发生昏睡，因此这种锥虫又叫睡病虫。

锥虫和舌蝇一类吸血昆虫不仅在非洲传布"嗜睡症"，在世界别的地区还传布各种疾病。在中国，锥虫与牛蟒、厩蝇传布一种危害马、牛和骆驼的疾病，使这些牲畜消瘦、浮肿发热，有时突然死亡。

锥虫名声极为不佳，它寄生在各种脊椎动物中，从鱼类、两栖类到鸟类、哺乳类的马、牛，甚至人，都有锥虫的寄生，它甚至用不着与舌蝇之类的昆虫合作，便可直接感染各类寄主，但愿这种"害群之虫"早日被人类征服，断绝这类疾病的传染途径。

蜜蜂的 "冬季俱乐部"

　　为了抵御寒冷，变温动物往往加强它们的新陈代谢。为了产生更多的热量，蜜蜂在暴饮暴食方面具有惊人的肚量。蜜蜂没有冬眠的习性，但作为个体，它仍然无法维持必要的体温。作为一个机制健全的社会自控群落，蜜蜂具有战严寒抗冰冻的整体实力。于是就有它们自得其乐的 "冬季俱乐部"。

　　"俱乐部" 在每年的初冬时节开始运作。只要外界气温下降，蜂巢里的蜜蜂就会以蜂王为中心抱成 "团"，不停歇地爬来爬去，形成一个由蜜蜂的血肉之躯构筑的球体。临近蜂王的蜜蜂享用大量高热值的蜂蜜，并释放大量的热能，使球体外层的蜜蜂不至于受冻。而外层的蜜蜂似乎是纠缠不清、拥挤不堪，形成一个隔热层，使里层的弟兄们免受风寒之苦。外层与里层的蜜蜂之间会循环往复地互换位置，从一定程度上也调节了蜂团的温度。蜜蜂正是依靠这种团队精神和消耗大量的蜂蜜来度过寒冷的冬天的。蜜蜂的幼虫每天要接受 "保姆" 给予的1300多次喂食，因而获得了丰厚的热量。但要在单个的巢房中独自越冬仍无法保暖。为了使蜂巢内不低于35℃的温度，工蜂以密集的聚会形式，结成严密的绝热层，以血肉之躯保全幼蜂免受严寒的侵袭。倘若如此这般还达不到升温的目的，工蜂就像抱窝鸡那样，振翅飞舞，使蜂房迅速升温，确保幼蜂的越冬安全。

蜜蜂的管家本领

　　蜜蜂的辛勤劳动是从春天开始的。它们不仅具有不辞辛劳的素质，更具有身手不凡的管理才能。从大自然中采集的花蜜含水量高达40%—60%，蜜蜂总能设法将水分降至20%以下，气温高时这似乎并不难，天冷的时候，它们就得在蜂巢里集体行动，用身体为蜂巢加温。一群蜂在一个工作季节里能酿蜜150—250千克，这就表明有180—350升水要在其"加工"过程中被蒸发掉。

　　酿制好的蜂蜜会被送到特殊的仓库（蜂房）用蜡封存，以备来日之需。食物防腐通常采用的方法是高温蒸煮和容器密封，蜜蜂的高招则是给蜂蜜本身赋予了一种能分解微生物的物质，使其防腐功能更为有效。蜂蜜作为辛勤劳动的结晶来之不易。为了保卫这一劳动果实，蜜蜂从不懈怠，一有风吹草动，它们就发出报警信息，群起而攻之。

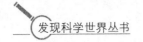

姬蜂养家糊口的方式

　　姬蜂对生儿育女所倾注的热情和爱心不亚于动物界任何其他种类，但它们养家糊口的方式却是别出心裁的。

　　姬蜂总是用螫针猎杀食物——毛虫、蜘蛛、甲虫或甲虫的幼虫，然而为了食品的"保鲜"，它从不把猎物置于死地，而仅仅是刺伤而已，然后把猎物运送到"家"中（洞穴里）。它在猎物的身上产下一个或多个蜂卵，便撒手离去，而它的孩子们则慢慢享用猎物所提供的养分，在"家"中成长起来。

　　为了把握"伤而不死"的分寸，姬蜂总是选择一个固定的部位对猎物"行刺"。螫针刺入猎物体内并触及到它的神经节，仅射入一滴毒汁，猎物便瘫痪了，这很像是人类医学临床应用的针刺麻醉术。

　　不少姬蜂也常有一些"不劳而获"的不光彩行为。它们并不去冒险发起攻击，而只是观望同伴的冒险举动，一旦胜利者放下猎物去觅洞时，它们就会把现成的食物偷走，据为己有。

　　刚孵化出来的姬蜂幼虫，其"保鲜"意识似乎是与生俱来的。它们先食用猎物肌体不重要的部分，使猎物仍保持鲜活，甚至到吃完了猎物的一半或3/4，猎物还依然活着。姬蜂这一匠心独具的繁衍后代的方式，使其子女食宿无忧。在它们没有冰箱的居室里（洞穴），它们的食品的新鲜程度远非人类的罐头食品可以比拟。

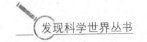

蚜虫的天敌：蚜茧蜂

　　人类与害虫曾做过无数较量，利用害虫的天敌来以虫治虫可以说是最有效的方法之一。蚜茧蜂作为蚜虫的天敌，在为人类消灭世界性大害虫——蚜虫中，立下了汗马功劳。

　　蚜茧蜂是昆虫纲膜翅目蚜茧蜂科动物，这一科的所有种类都是蚜虫体内寄生蜂。蚜茧蜂主要是以它的卵粒来制服蚜虫的。每年产卵季节，雌蜂开始与雄蜂交配，但无论交配与否雌蜂都能产卵。产卵时，雌蜂将产卵器刺向蚜虫腹部的背面，将卵产入蚜虫体内，这样蚜茧蜂的卵就在蚜虫体内寄生下来。寄生在蚜虫体内的卵在那里发育成幼虫，它刺激蚜虫，使蚜虫进食增加，体重加大，身体恶性膨胀，最后变成一个谷粒状黄褐色或红褐色僵死不动的僵蚜。还有另一种情况，有的蜂幼虫在蚜虫体内分泌昆虫激素，过量的激素影响了蚜虫的正常发育，使蚜虫异常变态，或者提前死亡，或者总也长不大，最终夭折。一个蚜茧蜂可产卵几百粒，每一粒卵都是射向蚜虫的"子弹"，而且几乎"弹无虚发"，据测试，命中率最高能达到98%。当代的农业和林业，已大量引入蚜茧蜂来治虫，蚜茧蜂已成为一支消灭蚜虫的强大生力军。

萤火虫的求爱信号

　　萤火虫发出的光是交配季节雌雄之间的联络信号。但不同种类的萤火虫如果仅仅是凭"光"求偶的活，就难免搞错对象，造成混乱。为此，萤火虫就演绎出一种复杂的信号系统。雄虫在夜色里首先发出有节奏的闪光信号，传递求偶信息，在林间栖息的雌虫便随后发出应答信号。应答与呼叫之间有着格式固定、结构严密的间隔。根据不同的闪光方式以及间隔上的差异，雄虫就能将同类的雌虫与其他类别的雌虫区别开来。一旦雌虫出现应答错误，回答或迟或早，都会使追恋者付出极大的代价。

　　东南亚的萤火虫在求偶时却表现出一种绅士风度，它们并不急于求成，而是悠闲自在地待在林地里向黑暗中发出光亮。所有雄虫不论种群数量多少，都同步发出有节奏的闪光信号，雌虫则倾心关注，仔细寻找自己的意中"虫"。经过严格审查，雌虫都会如愿以偿。

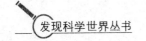

蚊子与疾病

　　蚊子有吸血的蚊种，也有不吸血的蚊种，在吸血的蚊种中，雄蚊不吸血，只有雌蚊吸血，吸血的蚊虫与人类的许多疾病有关。它为疟疾、流行性乙型脑炎、丝虫病等病菌提供了第二生活基地，是传播疾病的元凶。

　　蚊子怎样为疾病提供第二生活基地传播疾病呢？吸血的蚊子必须叮咬人体才能吸到血，当蚊虫叮咬了那些患了疟疾、乙型脑炎或其他病的病人时，一些能够引起上述疾病的物质——病原体，随着人血进入蚊虫体内寄居起来，当这些带着病原体的蚊虫再去叮咬健康人时，寄生在蚊子体内的病原体又乘机钻入健康人血液里，致使健康人生起病来。而且蚊虫的繁殖力极强，吸血的雌蚊每吸一次血就产一次卵，一生中要产卵几次至十几次，每次产卵可多至200—300个。卵则以几天为一周期完成孵化、幼虫、蛹到成虫的发育过程，所以蚊虫传播疾病是非常厉害的。

　　蚊虫传播疾病是各有分工的，有的按蚊传播疟疾，有的库蚊传播丝虫病，有的库蚊则传播流行性乙型脑炎。有时，一种疾病由好几种蚊虫传播，如传播流行性乙型脑炎的，有三带喙库蚊、环带库蚊、致倦库蚊、中华按蚊等。而某些蚊虫"身兼数职"，可以兼传好几种疾病，如中华按蚊除了传播疟疾外，还能传播丝虫病和乙型脑炎。

　　人类对蚊子的危害早就采取过多种防范措施，对蚊虫实行化学灭蚊、生物灭蚊和基因工程灭蚊。三管齐下，已基本消灭了一些危害人体健康的蚊虫。

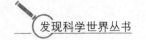

五倍子虫的"牺牲"精神

　　五倍子幼虫的养分来源与其说是享用储藏食物，不如说是把其母亲的身体当成了可口的食物。作为母亲，它们充分表现出一种无私的献身精神。

　　五倍子虫在春天里由卵孵化出幼虫，这种幼虫似乎是先天不足，压根儿就不可能发育成熟，但却能奇迹般地繁殖后代。五倍子虫的幼虫在自己的体内生儿育女，而不是像通常那样产卵。一旦他们的体内有8—13个女儿的时候，母亲的肌体就会被这些女儿们从内部蚕食精光，而只剩下一个躯壳。母亲这种献身的牺牲精神并不会使女儿们感到羞愧，因为她们自身的体内也得容下十几个女儿在蚕食。只有在秋季里问世的一代五倍子虫的母幼虫，才能幸免于儿女们的蚕食瓜分而保全玉体，顺顺当当地蜕变成蛹，再由蛹羽化为成虫。

撩起动物神秘的面纱

地球生命源于陨石

　　美国科学家的一项新研究表明，构成地球生命的一些基本分子，其"模板"可能是陨石从太空中带来的，这有助于解释为什么地球生物的遗传物质DNA全是右旋结构。

　　美国亚利桑那州立大学的科学家皮扎雷洛等人在新一期《科学》杂志上报告说，他们模拟了陨石落在数十亿年前地球表面的"原始汤"中产生的反应，发现如果陨石携带的有机物质中某一结构的分子占优势，能够促使随后产生的地球生命物质也出现结构倾向性。

　　许多化学物质分子有着"左"和"右"两种不同结构类型，两者之间的关系就像人的左右手。通常化学反应会产生等量的左手和右手型分子，但生命体中的糖全都是右手型的，包括构成DNA的脱氧核糖；而蛋白质的基本单元氨基酸全是左手型的。所有生物DNA的双螺旋的旋转方向也都相同，为右手螺旋。科学家一直不清楚为何生命会有这样的倾向性。

　　制造纯左手或纯右手型物质的一个方法，就是使用左手型或右手型的"模板"分子。人们早已知道，一些陨石中含有氨基酸等有机分子。有科学家提出，陨石在太空中运行时，某些天体如中子星发出的光具有偏振性，只使陨石中右手型的氨基酸分解，使剩下的左手型分子比右手型分子多。陨石落在地球上，这些分子成为地球生命起源的"模板"，使更复杂的生命分子也具有倾向性。

皮扎雷洛等人使用一种名叫异缬氨酸的氨基酸进行实验，证明分子的结构倾向性可以通过化学反应来传递。在一块于1969年在澳大利亚发现的陨石中，曾经发现有异缬氨酸存在。这块陨石有45亿年历史，几乎与地球一样古老。这块陨石中所含的异缬氨酸，左手型的比右手型的要多，科学家参照其比例调配了反应试剂。

异缬氨酸与两种原始地球上可能广泛存在的有机物发生反应后，产生了一种称为苏糖的糖类，其中右手型的苏糖比左手型的苏糖要多。也就是说，结构倾向性从氨基酸传递给了糖，更多的左手型氨基酸，促使产生了更多右手型的糖。苏糖是生物体内常见的一种糖。皮扎雷洛认为，生命体糖类的"右倾"特性，有可能就是这样开始的。

苏糖可以进一步反应生成称为苏糖核酸（TNA）的物质。TNA与DNA有些相似，也能形成双螺旋结构，但比DNA简单。此前曾有科学家提出，生命有可能最初使用TNA为遗传物质，后来进化到使用DNA。皮扎雷洛等人的新研究，为TNA及DNA螺旋方向的起源提供了线索。

动物的感情世界

　　一天傍晚，一只叫玛莎的役用母象和它刚出生三个月的小象被困在了一条不断上涨的河中。大象管理员们听到小象的尖叫后匆匆赶到岸边后看到，玛莎站在河床上，试图用鼻子将它的宝宝卷靠到自己身边，但不断上涨的河水很快冲走了小象。

　　玛莎向下游奋力追出近50米才截住了小象。这次它先用头将小象紧紧抵靠在河岸上，接着用长长的鼻子紧紧抵靠在河岸上，接着用长长的鼻子举起小象，两条后腿直立起来，将小象小心翼翼地放到一块距河面1.5米的突出的岩石上，自己却顺着滔滔的激流很快向下游漂去。

　　半小时过去了，大象营的经理、英国人J.H.威廉正俯视着小象，考虑着如何将它救上来。这时，他听到了"有记忆以来最伟大的母爱的呼唤"，原来玛莎已经在下游上了对岸，正尽快地往回赶，它一路奔跑一路叫着——这是一种挑衅性的怒吼。当玛莎看到它的宝宝在河中安然无恙时，它的吼声便变成一种大象通常在高兴时才发出的隆隆声。管理员们离开了这里，留下这对大象母子隔河守望着。次日清晨，当洪水退去后，玛莎过河接走了小象。

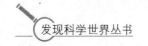

仅是基因"关系"吗

　　人类相信自己懂得什么是爱，然而许多动物行为学家对于动物也能体验到爱的说法则持非常审慎的态度。

　　假如威廉是一位动物行为学家，他也可能会向人们描述玛莎与小象间的"关系"，而不是它们之间的感情。一位动物群落观察家写道："动物之间不会表现出真正意义上的爱，它们只不过是遵从基因的支配而已。"

　　进化论生物学家也常说：动物成双成对只是为了实现哺育后代的需要。

　　事实真的如此简单吗？那么我们又将如何解释那些长相厮守直至一方死去的动物伴侣呢？而且当其中一只死去后，另一只显然也会表现出悲哀或失落感。

　　动物行为学家康拉德·劳伦兹以一只叫阿多的雄鹅在配偶伊丽莎白被狐狸咬死后的表现作为一个典型的例子。它默默地立在那已被吃得残缺不齐的尸体旁，几天里它一直蜷缩着脖子、耷拉着脑袋，连眼睛也凹陷下去了。由于心灰意冷的它无法抵御其他鹅的攻击，它在鹅群中的地位一落千丈。

配偶选择

劳伦兹还说，两只小时候就相识、被分开后再次相逢的灰雁最容易相爱。这就像当一位男士邂逅一位女子并惊喜地发现她就是当年他常常见到的那个穿着校服跑来跑去的女孩时，会很快爱上她并娶她为妻一样。

为了给一只雄鹦鹉寻觅配偶，阿森买来一只长着漂亮羽毛的年轻雌鹦鹉介绍给它。但令阿森懊恼的是，雄鹦鹉依然我行我素，就像这只雌鹦鹉根本不存在一样。有人又送给阿森一只老点的雌鹦鹉。它从脖颈往下没多少漂亮羽毛，喙与眼睛周围布满了皱纹。然而那只雄鹦鹉却认定，这只雌鹦鹉才是它一生的爱。它们立即进行了交配，不久便产下了"爱情的结晶"。

在克利夫兰麦特帕克斯动物园里，一只叫蒂姆的大猩猩拒绝与管理员引荐给它的两只雌猩猩交配，但当它偶遇一只叫凯特的雌猩猩时，彼此立刻惺惺相惜了，考虑到凯特年龄较大，不再有生育能力，管理员们决定将蒂姆送往另一所动物园。动物园为拆散这对恩爱"夫妻"的决定辩解，该园园长说："我讨厌人们将人类的感情生搬硬套到动物们的身上，这是对动物的亵渎。我们不能把动物看成具有某种高尚的情感，它们是动物。当人们开始说动物具有人类的情感时，它们已经跨过了真实的桥梁。"

从这番激烈的言辞中可看出，甚至在专门从事动物研究并能目睹动物行为的人们当中，对动物人格化论的恐惧也是如此强烈。这就难怪尽管动物学家简·古德尔对黑猩猩的研究非常深入，但她仍认为并写道："我想象不出黑猩猩之间能产生任何与温情脉脉、关切保护、宽容以及精神上的愉悦这些人类最深最真意义上爱的特征相提并论的

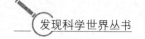

情感。"

跨越真实的桥梁

但是事实上，在动物配偶对彼此的忠诚方面人类可看到许多"爱"的迹象。鹅、天鹅和鸳鸯都是忠诚婚姻的象征。而一向被看作是狡诈的丛林狼也同样堪称婚姻忠诚的楷模，因为它们也会形成持久的配偶关系。对捕获的丛林狼的观察表明，它们在交配前就已开始彼此倾慕了。

自然学家霍普·莱登观察到，成为配偶的两只丛林狼会相偎而眠，一同捕老鼠，以摇尾巴和舔对方的方式互致问候，还会进行长嗥"二重唱"。莱登描述了一对在"二重唱"后交配的丛林狼。之后，母狼用爪子轻拍公狼并舔它的脸，然后它们蜷在一起共入梦乡。这情景很像一对浪漫的情人。看起来，无论人的感情与动物间的关系有怎样的区别，最本质的东西通常是相同的。

一只被别种动物养大的动物在长大后会对那类动物中的成员表现出特殊的喜爱。盖文·迈克斯韦尔描述了这样一只叫蒂贝的水獭，蒂贝是被居住在苏格兰海岸外一个小岛上的一位拄双拐的男子养大的。当这男子病重时，他将蒂贝托付给迈克斯韦尔照管。不久这位男子就去世了。蒂贝并不喜欢迈克斯韦尔为它提供的生活，常常逃出去造访附近的一个村子。在那里它发现了一个拄双拐的男子，便试图在他的房屋下面掘个洞，结果被赶了回来。

此后不久，蒂贝又失踪了。一天，迈克斯韦尔接到一位受到一只行为古怪的水獭惊扰的男子的电话。他说那只水獭竟然想跟他到屋子里去。迈克斯韦尔突然灵机一动，问："你也许拄着拐，对吧？""是啊"，对方惊讶地说，"可你是怎么知道的？"

也许拄拐人的形象已深深烙印在蒂贝的脑海中，也许它只是喜欢这类人，因为他们会使它回忆起那位从它生命中消失了的温和可亲的男人。

虽然动物之间存在爱的说法普遍不为科学界所承认，但一些动物确实也会像我们人类一样体验到爱，也有它们自己鲜为人知的悲欢离合。

动物会动脑筋

在绝大多数人的心目中，动物是愚昧无知的，可若有机会目睹下述情况，你一定会大开眼界：

美国威斯康星州灵长类研究中心的工作人员作了一项有趣的实验：他们故意让一只小猩猩独自看到工作人员在园中某处埋下葡萄，接着又把它的几十个同伴放到园区。与同伴同行时，知情的小猩猩装得若无其事。3小时后，等同伴们都睡着了，它才悄悄起身，摸黑来到"藏宝处"，神不知鬼不觉地挖出葡萄，吃了个精光。

日本苍鹭觅食也相当有办法。有只苍鹭肚子饿得发慌，它瞪着眼睛，注视着池中小鱼游来游去。突然它飞到附近的树林，衔来一枝嫩枝，折成几段，丢入池中，并不时用嘴移动树枝。水中小鱼误以为是小虫，浮上水面争食，苍鹭便美美饱餐一顿。

近年来，科学家关于动物行为的研究及著作纷纷面世，他们开始研究更实际的问题：动物也会动脑筋吗？他们除了本能的行为之外，是否也有自我思考的内心世界？

美国哈佛大学比较动物学家葛利芬冒着风险，在肯尼亚发现了狮群觅食的一个高招：4只母狮联手出击。2只母狮高高地站在土岗上，

有意让猎物知道这儿有狮子，此路不通。第3只母狮钻进草丛，悄悄地向猎物潜行，而第4只母狮从另一方向咆哮而出，虚张声势地把惊慌失措的猎物赶向设有埋伏的草丛。受惊的猎物眼看三面被围，条件反射地向草丛奔去，第3只狮子毫不费力地咬住了送上门来的美食。狮子间默契布阵，这难道是偶然的吗？

聪明的动物巧妙地利用各种工具的能力，同样令人刮目相看。哈佛大学生物学家威尔森说："我曾看到一只猩猩若有所思地瞪着一棵大树发愣，它想吃树叶，可又苦于树太高攀登不上。它足足想了十多分钟，突然跑到不远处，拖来一根大木头，斜靠在大树上，然后一纵身，跳上'自制楼梯'，喜滋滋地爬上树梢，吃起树叶来。我们该用哪种理由来解释猩猩的这种行为呢？"

动物也会动脑筋，这已为越来越多的事例所证实。为了应付不断变化的自然条件，它们除了靠天生的本领谋生外，还常常有种种非遗传性的不凡之举。

动物的互助典范

互助互爱，这是人类社会中堪称高尚的品德。可是在生存竞争，弱肉强食的动物世界，也不乏一些互助典范。

生活在非洲尼罗河上游的鳄鱼，经常出没在水面，袭击小动物，但对千鸟却很"友好"。千鸟常在鳄鱼嘴里自由跳动，啄食其牙缝中的残渣。有时鳄鱼感到舒服，竟忘记嘴里还有"朋友"，把嘴巴闭起来。这时千鸟就急忙扑打翅膀，用羽毛上的棘刺，刺痛鳄鱼的牙床，鳄鱼便重新张开嘴巴，让千鸟饱餐后赶快飞开。也有时千鸟飞来，鳄鱼正在熟睡，千鸟就用翅膀轻轻敲打它的嘴巴，鳄鱼从睡梦中醒来，张开嘴巴迎接它，让千鸟为它进行剔牙缝的手术。

寄居蟹，生活在浅海滩，形态特殊，既像蟹，又像虾，所以又叫寄居虾。它以空螺壳为家，成体匿居壳内，头胸部能伸出壳外，依靠螯足和其他几对短足，背驮螺壳慢慢爬行。奇妙的是，在螺壳上常常住着另一个"房客"——海葵。海葵属于腔肠动物，长在螺壳上，可随着寄居触的行动，捕获食物，同时也吃寄居蟹剩下的食物而不至于挨饿。海葵身上长有刺细胞，能分泌毒汁，驱逐敌害，保护了寄居蟹。这两个"邻里"可真是亲密无间。

海蜇身上常有小虾充当其耳目，遇到异常情况，小虾立刻发出"警报"，海蜇就急忙沉下海去。

动物的化学武器

1808年，拿破仑率兵远征西班牙。不久，许多士兵的身上出现了莫名其妙的红斑。这究竟是怎么回事呢？军医几经周折才查明，那是一种甲虫的毒液引起的皮肤炎症。这种有毒甲虫被称为"炮虫"，能发射"化学炮弹"来抵御敌人，保护自己。

你看到过炮虫放"炮"的情景吗？一只青蛙遇上了炮虫，它目空一切地扑上去，趾高气扬地张开了血盆大口。谁知这看似已经到口的小动物竟然放起"炮"来，一股毒雾从炮虫的尾部喷了出来，直射青蛙咽喉。青蛙被这一"炮"轰得晕头转向，只得垂头丧气地败下阵来。如果炮虫发现了身材比它大得多的昆虫，如蝼蛄等，它就会主动出击，快速跑到蝼蛄面前，用尾部对准蝼蛄，"轰"的一"炮"，蝼蛄顿时便被击昏了，想逃逃不了、想溜溜不得，只好任其宰割和蚕食了。

炮虫为什么这般厉害呢？现在，昆虫学家已经揭开了其中的奥秘。炮虫是不少昆虫的形象称号，它们都是属于鞘翅目的昆虫。炮虫备有一种"化学炮弹"，它的作用原理与现代的毒气弹、窒息炸弹、火焰喷射器和火箭十分相似。就拿一种叫做气步甲的炮虫来说吧，它的体内会生产出许多"燃料"——过氧化氢和氢酸等，平时它们分别贮存在不同的地方。一旦发现大敌当前，或出现较大猎物，气步甲就立即收缩肌肉，将这些"燃料"一起挤入"点火室"。在那里，过氧化氢酶把过氧化氢分解成水和氧气，又使氢配变成了有毒的规配溶解在水中，在氧气的压力下猛然从尾部往外喷射。在猛烈的炮击声中，对手哪里招架得住，只得狼狈逃窜或束手就擒了。

据观察，炮虫能一口气连放12炮，还能分别向4个方向射击。一只炮虫如果几天内没有放过炮，那么它可以在4分钟内连发29个"化学弹"。

澳大利亚有一种银蕊虫，身长六七厘米，全身柔软，身体两侧长有20多个小孔。它白天躲在地里，夜晚出来觅食。这种完全没有护身外衣的虫子，也拥有一种独特的"化学武器"。遇到敌害时，它会立刻从小孔里喷射出一种碱性液体，吓得来犯者赶快溜之大吉。

在哥伦比亚，有一种叫"布拉西努斯"的甲虫，尾部会喷射出一股高温液体，噼啪作响，就像小机枪在实弹射击似的。科学家发现，这种甲虫会通过化学反应，产生一股高压气雾，连同100℃的沸腾液体，一起射向目标。这种"化学武器"不但能将蚂蚁、螳螂、青蛙和老鼠等驱逐出境，连那些身披"盔甲"的犰狳也常常望而生畏。

黄鼠狼也是发射"化学炮弹"的能手。这种动物又叫"黄鼬"，机灵而又狡猾。它的肛门附近，有一对臭腺，一旦遇到猎狗，一时难以脱身，黄鼠狼就会从臭腺里放出臭液。这种液体臭不可闻，猎狗一下子愣住了，黄鼠狼则马上溜之大吉。

黄鼠狼的臭液还能用来捕食呢。刺猬是一种身体矮胖的小动物，遇到敌害时它会把身子蜷缩成一团，竖起背部的刺，使对方无从下手，只得灰溜溜地离去。对付刺猬，黄鼠狼是很有办法的。它对准刺猬头部蜷缩后露出的小孔隙，把臭液"注射"进去。不一会儿，刺猬就被麻醉了，身体慢慢松散开来，彻底解除了"武装"。这时，黄鼠狼扑了上去，把刺猬咬死，津津有味地吞食它那鲜美的肉。

白鼬、灵猫和臭鼬等都有这种本领。其中，最厉害的要数臭鼬了。顺风的时候，它喷出的臭液，能把恶臭味传到500米之外的地方。许多动物远远地看到了它，会马上躲开，唯恐避之不及。猎狗闻到这种臭气后，会直流鼻涕，不愿继续前进。连勇敢的猎人也不愿接近臭鼬，因为这种臭味实在令人难以忍受。凭借这种"化学武器"，臭鼬可以大摇大摆地在森林里走来走去，显得十分威风。

动物的医病妙法

地球上的动物生活在无情的大自然中，各有生病自疗的奇妙方法。

能跑善跳的野兔，患了肠炎以后，就四处奔波，寻觅干枯的马莲吃，以后，肠炎就漫漫消失了。善于捕鼠的大花猫患了肠炎，就大吃大嚼鲜嫩青草，尔后大吐不止。这种以吐止泻的奇妙治疗方法，十分奏效。家庭豢养的猫、狗，感到身体不舒适时，也跑到野地里，找些医病的青草吃，精神就会逐渐振作起来。

生长在热带丛林的猿猴，一旦患了病，感到全身寒冷，战栗不止时，就会支撑着病体，迅速跑到金鸡纳树下，大嚼树皮，颇像人类服用奎宁似的，疟疾很快就痊愈了。大象生病以后，尽量找些具有医疗作用的野草和水草吃，如果寻找不到，它就吞服几公斤泥灰石。人们化验了一下，这种泥灰石中含有丰富的氧化镁、钠和硅酸盐，很有治病作用。寄生虫给鸟类带来不少痛苦，但是，高明的鸟儿自有治疗良方。鹧鸪、松鸡夏天在林子里，找些嫩草和浆果吃，到了冬天，就找松叶、杉叶和落叶松的树脂吃。这些草里含有丰富的香料和单宁酸，可以麻醉寄生虫，是鸟类的驱虫良药。有些杂食性野兽，一旦食物中

毒，就会自动找些催吐促泻的草药来解毒。

野猪经常在深山老林里窜行，厚皮上常常伤痕累累。于是，它就跑到泥潭里去打滚，浑身沾满泥巴。这是一种泥浆浴，好比人类上药和包扎一样，使伤口与外界隔离，然后靠身体内部抵抗力恢复创伤。野牛生了疥癣，就历尽千辛万苦，跋涉数日，到泥潭里去沐浴，然后晒干，反复数次，直到疥癣痊愈为止。

母獾和美洲灰狼善用物理疗法，母獾常常领着浑身脓疮的小獾到温泉里去洗澡，几经反复，便治好了脓疮。美洲灰狼一年到头在硫磺泉中洗澡，以确保身体健康。

一只山鹬的腿被枪打断了，它就支撑着，在河边取些稀泥涂在腿上，然后又拐着脚收集些细草根，混合在泥土中，犹如外科医生给病人做石膏固定那样精细。

生活在海洋中的鱼类，因受微生物、寄生虫的侵袭，常会生病。也有的鱼在斗殴残杀中受伤，伤口感染化脓。这些病鱼、伤鱼就需要到海洋里的"治疗站"求医治疗。

有一种名叫圣尤里塔的小鱼，当有病或负伤的鱼登门"求医"时，它便伸出尖尖的嘴来清除伤口上坏死的组织和鱼鳞、鱼鳍、鱼鳃上的寄生虫、微生物。这样，既可以治疗鱼病，又可使"鱼医生"美餐一顿。它们"医疗站"一般设在珊瑚礁上、水中突兀的岩石、海草茂盛的高地以及沉船残骸的边缘。

为自己看病的动物

动物也会得病。在同各种疾病的斗争中，它们学会了给自己治病。

有些动物会用野生植物治病。有一种鹿泻肚子的时候，常常去吃槲树的皮和嫩枝。原来，这些东西含有鞣酸，能够止泻。"咪咪"叫的大花猫，患了肠胃炎腹泻不止时，会急急忙忙地找一种带苦味的有毒植物——藜芦草吃，然后呕吐不止。要知道，藜芦草里面含有一种生物碱，有催吐的作用。以吐治泻，成了猫治疗肠胃炎的一种有效方法。

狼的胃壁肌肉能自动收缩。它们怀疑自己吃了有毒食物时，会立即收缩胃肌，把胃里的东西吐出来，以防万一。

有人捉到一条鳄鱼，剖开它的胃，发现里面有不少粗木块、石头，以及其他一些不容易消化的东西。这是怎么回事呢？其实，道理很简单：鳄鱼在冬眠的时候，怕自己消化器官的功能会减弱，就吃下一些坚硬的东西，让胃不停地工作。

热带森林中的猴子，得了怕冷、战栗的病，就会去啃咬金鸡纳树的树皮。这种树皮中含有金鸡纳霜素，是治疗疟疾的特效药。

有人在雨天看见一只野吐缓鸡，一再强迫它的幼儿吃安息香的树叶。安息香的树叶不是吐缓鸡的食物，所以它的幼儿不爱吃。原来，小吐缓鸡浑身被雨水淋湿了，得了感冒，吃了这种带有苦味的树叶以后，它的病便慢慢地好了。

温泉浴是一种人用来治病的物理疗法。说来有趣，熊和獾也会用这种办法来养生和治病。美洲灰熊有一种习惯，年纪大了以后，喜欢跑到含有硫磺的温泉中去洗澡，浸泡在里面，好像在治疗老年性关节炎似的。母獾常常把长疮的小獾带到温泉中去沐浴，治疗皮肤病。

野牛得了皮肤癣后，会长途跋涉跑到湖边，在泥浆中"沐浴"一番，然后爬上岸来，慢慢将泥浆晾干。不久，它又再去湖边"沐浴"，直到把癣治好为止。洗泥浆浴并非野牛的"专利"，犀牛和河马等也有这一爱好。因为泥浆浴不仅能治病疗伤，还有防病作用。

有一位猎人多次观察后发现，受伤的黄羊总是往一个山洞里跑。在跟踪到山洞后，他发现黄羊总是把受伤的部位紧紧贴着陡峭的山壁。有趣的是，黄羊离开那儿时，已经没有了先前病恹恹的样子，而是变得容光焕发了。后来，猎人在峭壁上发现了一种黏稠的黑色液体，犹如野蜂蜜，当地人把它称为"山泪"，这就是野兽治疗伤口的药物。

一只山鹬的腿被枪打伤了。它就在河边取些黏土敷在腿部，然后又拐着脚去收集青草，放在黏土里，一同"包扎"，就像人们绑石膏一样。人们看到，这只山鹬足足缠了一个小时，等它把"绷带"全弄好才飞走。

有人见到一条蝮蛇的头部被另一条毒蛇咬伤了，起初出了一点血，不一会儿头部便肿了起来，连嘴都肿得合不拢了。于是，它拼命喝水，14分钟里接连喝了216口水。2小时以后，蝮蛇头部的肿胀渐渐消退了。